Kältemaschinenöle

Von

Dr. rer. nat. Heinz Steinle

Wissenschaftlicher Mitarbeiter der Robert Bosch GmbH,
Stuttgart, Kältelaboratorium

Mit 60 Abbildungen

Springer-Verlag

Berlin / Göttingen / Heidelberg

1950

ISBN-13: 978-3-540-01504-8   e-ISBN-13: 978-3-642-92548-1
DOI: 10.1007/978-3-642-92548-1

Meiner lieben Frau

Ingeborg Steinle geb. Völler

Vorwort.

Die Herstellung von Kältemaschinen hat in den letzten beiden Jahrzehnten nicht nur in Amerika, sondern auch in Deutschland und dem übrigen Europa, vor allem auf dem Gebiet der Klein-Kältemaschinen, sehr stark zugenommen. Die Probleme der Schmierung von Kältemaschinen wurden immer komplizierter und vielfältiger.

In USA hat man schon seit langem begonnen, die sich ergebenden Fragen in den Laboratorien der Kältemaschinenindustrie wissenschaftlich zu bearbeiten, während man sich in Deutschland vor allem auf die praktischen Erfahrungen beschränkte. Zusammenfassende Darstellungen dieses Gebietes fehlen, so daß es der Ölindustrie und dem Kälte-Ingenieur nicht leicht möglich ist, sich mit den Problemen und ihrer Lösung auseinanderzusetzen. Gerade in USA wurde auf diesem Gebiet viel wertvolle Arbeit geleistet, die jedem, der sich mit Kältemaschinenölen und Kältemaschinen befaßt, zugänglich sein sollte. Die mannigfaltigen Originalarbeiten sind in der in- und ausländischen Literatur so weit verstreut, daß es kaum möglich ist, sich ohne zeitraubendes Literaturstudium einen Überblick über die bereits geleistete Arbeit zu verschaffen.

Das Problem der Kältemaschinenöle wird in dem vorliegenden Werk sowohl vom Gesichtspunkt der Ölindustrie aus, als auch von dem der Hersteller von Kältemaschinen beleuchtet. Die Zeitumstände erschweren noch die Beschaffung der Originalliteratur; ich glaube aber, die wesentlichen Arbeiten bei der Zusammenstellung ausgewertet zu haben.

Ich wünsche allen denen, die sich mit der Schmierung von Kältemaschinen befassen, einen Wegweiser und ein Nachschlagewerk in die Hand zu geben. Dem Ölchemiker sollen für die Auswahl geeigneter Kältemaschinenöle erprobte Bestimmungs- und Prüfmethoden leicht zugänglich gemacht werden. Deswegen ist den Verfahren zur Untersuchung ein verhältnismäßig breiter Raum gegeben worden. Dem Ingenieur soll die Möglichkeit gegeben werden, die Öleigenschaften und ihre Einflüsse auf die Arbeitsweise der Kältemaschinen kennenzulernen und sie bei der Konstruktion zu berücksichtigen. Die letzten Jahre haben zur Genüge bewiesen, wie wichtig es ist, daß Konstrukteur und Ölchemiker bei der Auswahl des Kältemaschinenöles eng zusammenarbeiten. Das Problem der Schmierung von Kältemaschinen ist grundverschieden von dem der meisten Anforderungen an Mineralöle.

Den Firmen Robert Bosch GmbH. und Deutsche Shell AG., besonders Herrn Dr. Evers, danke ich für die Unterstützung bei der Zusammenstellung des Werkes, dem Kältetechnischen Institut der Technischen Hochschule Karlsruhe für die Hilfe bei der Beschaffung der Originalliteratur. Herrn Ingenieur L. Lammer habe ich für das Lesen der Korrektur zu danken.

Stuttgart, im März 1949.

H. Steinle

Inhaltsverzeichnis.

A. Einleitung.

Das Schmieröl, das an Gewicht und Kosten nur einen sehr kleinen Anteil der Kältemaschine ausmacht, ist von ausschlaggebender Bedeutung für deren Funktion und Lebensdauer. Selten ist das Öl in einer Maschine einer so vielseitigen und hohen Beanspruchung ausgesetzt, wie in der Kältemaschine.DieTemperaturen betragen auf der Druckseite bis über 100° C, während auf der Nieder-

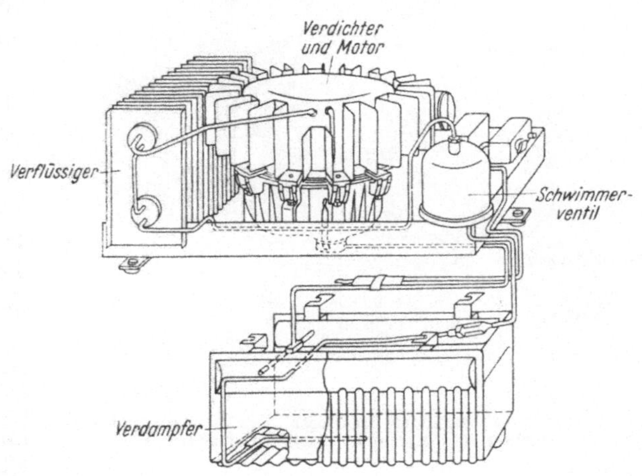

Abb. 1. Gekapselte Trennschieber-Kältemaschine von Bosch. Der Antriebsmotor und der Verdichter sind hermetisch gekapselt und befinden sich im Kältemittelkreislauf.

druckseite üblicherweise solche bis — 30° C auftreten, denen das gleiche Öl genügen muß. Das Öl muß nicht nur die schmiertechnischen Aufgaben erfüllen, sondern ist zugleich den physikalischen und chemischen Einflüssen des Kältemittels ausgesetzt. Lösungsvorgänge und mögliche chemische Reaktionen müssen bei der Auswahl geeigneter Öle berücksichtigt werden.

Mit der Einführung der gekapselten Kältemaschinen, Abb. 1, traten grundlegend neue Probleme auf dem Gebiet der Schmierung auf, besonders bezüglich des Verhaltens der Öle gegenüber den Kältemitteln und den Baustoffen der Kältemaschinen. Bei den offenen Maschinen, Abb. 2, konnte das Öl jederzeit ersetzt werden, wohingegen es in den gekapselten Typen während der gesamten Lebensdauer der Maschinen durchhalten muß, ohne diese durch Alterung, Reaktionen oder Ausscheidungen, die zu Verstopfungen führen können, zu gefährden.

Die Gruppe der öllöslichen Kältemittel, vor allem die Freone, die fluorierte und chlorierte Derivate des Methans und Äthans sind, brachten durch ihre vollkommene Mischbarkeit mit den Ölen neue Probleme mit sich. Gleichzeitig ging man zu immer tieferen Betriebstemperaturen über. Diese führen zusammen mit der Selektivität der Kältemittel als Lösungsmittel zu Ausscheidungen aus den Ölen und zu Verstopfungen in den Maschinen, wenn die Kältemittel-Ölgemische an empfindlichen Regelorganen abgekühlt werden.

Tierische und pflanzliche Öle scheiden als Schmieröle für Kältemaschinen aus. Sie sind chemisch bei den auftretenden hohen Betriebstemperaturen nicht beständig und bilden als Alterungsprodukte Harze und sonstige klebrige Stoffe, welche die Schmierfähigkeit herabsetzen und zu Verstopfungen führen, wenn sie mit dem Kältemittel auf die kalte Seite der Maschine gelangen. Ihre Stockpunkte liegen meist nur knapp unter dem Nullpunkt, so daß

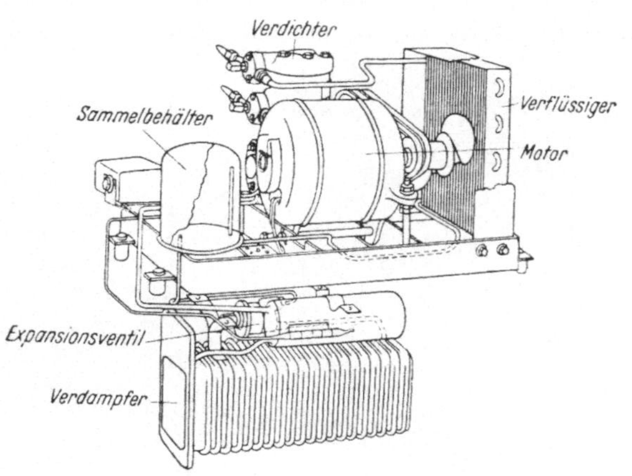

Abb. 2. Offene Kältemaschine von Bosch. Antriebsmotor und Verdichter sind getrennte Maschinenelemente.

sie bei den üblichen Verdampfertemperaturen stocken. Schließlich neigen sie dazu, mit einer Anzahl der gebräuchlichen Kältemittel zu reagieren oder zu emulgieren. Als Kältemaschinenöle kommen also nur Öle mineralischen Ursprunges in Frage.

In dem vorliegenden Werk sollen Mineralöle, ihre für Kältemaschinen erforderlichen Eigenschaften und die zulässigen Höchstgehalte der möglichen Verunreinigungen, sowie die zu ihrer Bestimmung erforderlichen Verfahren besprochen werden. Der Einfluß der Eigenschaften und Verunreinigungen der Öle auf ihr Verhalten in Kältemaschinen werden diskutiert. Ohne gründliche Kenntnis der Einflüsse, die das Öl je nach seinen Eigenschaften in der Kältemaschine ausüben kann, ist es nicht möglich, ein geeignetes Öl für den vorgesehenen Verwendungszweck auszuwählen.

Die hohen Anforderungen machten die Entwicklung spezieller Öle für Kältemaschinen erforderlich, die bezüglich ihrer Eigenschaften und ihres Verhaltens in den Maschinen laufend kontrolliert werden müssen. Dazu reichen die üblichen Verfahren zur Bestimmung der physikalischen und chemischen Eigenschaften der Öle nicht aus. Um die Verwendbarkeit eines Öles in Kältemaschinen zu beurteilen, sind spezielle Prüfverfahren erforderlich, welche die Verhältnisse in der Kältemaschine berücksichtigen. Dazu gehört vor allem das Verhalten gegen Kältemittel und die in der Kältemaschine üblichen Baustoffe mit und ohne Kältemittel unter dem Einfluß elektrischer Felder sowie erhöhter Temperaturen. Diese in USA, England, Deutschland und anderen Ländern üblichen Prüfmethoden werden, soweit sie in der Fachliteratur zu finden sind, mitgeteilt und ihre Zweckmäßigkeit und Erprobung wird besprochen. Kurzprüfverfahren haben nur dann einen Wert, wenn ihre Ergebnisse mit den praktischen Erfahrungen übereinstimmen und einen Vergleich mit den Betriebsbedingungen gestatten. Vor dem „Kaputtprüfen" muß man sich stets hüten. Da es nicht möglich ist, neue Öle in den Kältemaschinen selbst zu erproben, muß die Auswahl eines für einen bestimmten Verwendungszweck geeigneten Kältemaschinenöles fast immer nach solchen Kurzprüfverfahren erfolgen.

Für Kältemaschinenöle sind bisher in Deutschland solche speziellen Prüfmethoden kaum bekannt oder angewendet worden. Meist wurden Prüfverfahren benützt, die für Isolieröle entwickelt wurden; die Wechselwirkung zwischen Ölen und den Kältemitteln blieb meist unberücksichtigt.

B. Mineralöle.

Die mineralischen Schmieröle sind Mischungen von Kohlenwasserstoffen verschiedenster Art, die als hochwertige Produkte durch z. T. komplizierte chemische und physikalische Arbeitsmethoden aus dem Rohöl gewonnen werden. Die Erdöle entstanden durch Zersetzung fossiler Reste, dem Faulschlamm. Sie finden sich an verschiedenen Orten, z. B. in Mexiko, Venezuela, Persien, im Kaukasus, in Rumänien und Galizien in größeren Mengen. In Deutschland sind geringe Vorkommen vor allem nördlich Hannover, am Oberrhein und im Emsland vorhanden.

Das Erdöl steht in der Lagerstätte meist unter hohem Druck, so daß es aus dem Bohrloch frei, gewöhnlich sogar mit erheblichem Überdruck ausfließen kann.

Rohöle enthalten neben Kohlenwasserstoffen, je nach ihrer Herkunft, verschiedene Mengen an Sauerstoff-, Schwefel- und Stickstoffverbindungen, die größtenteils reaktionsfähig sind und — soweit erforderlich — aus den Mineralölen während der Verarbeitung auf Endprodukte entfernt werden. Daneben kommen auch kleine Mengen anorganischer Salze in Rohölen vor, die gelöst oder suspendiert sind. Neben den flüssigen und festen Bestandteilen enthalten die Rohöle größere Mengen gelöster gasförmiger Kohlenwasserstoffe.

I. Einteilung und Zusammensetzung der Mineralöle.

Die Zusammensetzung der Mineralöle ist je nach ihrer Herkunft verschieden. Die Hauptbestandteile in wechselnder Zusammensetzung sind:

A. Paraffine. Es sind gesättigte Ketten-Kohlenwasserstoffe der allgemeinen Formel C_nH_{2n+2}. Sie sind wenig reaktionsfähig und umfassen gasförmige, flüssige und feste Kohlenwasserstoffe.

B. Naphthene. Sie bestehen aus gesättigten Ring-Kohlenwasserstoffen der Formel C_nH_{2n}, meist mit paraffinischen Seitenketten.

C. Aromaten sind wasserstoffarme Verbindungen ringförmiger Struktur der allgemeinen Formel C_nH_{2n-m}. Diese Stoffe sind für gewisse Reaktionspartner reaktionsfähiger als Naphthene und Paraffine. Nicht nur Sauerstoff, sondern auch andere chemische Verbindungen wirken verändernd auf die Aromaten ein. Man muß sie deshalb und wegen ihres ungünstigen Zähigkeits-Temperatur-Verhaltens bei der Herstellung von Schmierölen entfernen.

D. Olefine C_nH_{2n} und Diolefine C_nH_{2n-2} sind ungesättigte Kohlenwasserstoffe mit Doppelbindungen zwischen zwei benachbarten C-Atomen. Infolge dieser Doppelbindungen sind sie reaktionsfähig. Von den Naphthenen, die die gleiche Bruttoformel haben, unterscheiden sie sich durch das Fehlen der Ringstruktur. Olefine und Diolefine entstehen in Ölen in größeren Mengen nur beim Kracken, mitunter in geringen Mengen auch beim Erhitzen in den Destillationsanlagen.

E. Asphalte entstehen aus den Kohlenwasserstoffen durch Oxydation, Sulfurierung, Polymerisation und Kondensation. Ihr Aufbau ist kompliziert und noch ungewiß. Offenbar enthalten sie auch polycyclische Verbindungen mit Sauerstoff, Schwefel und Stickstoff als Bindegliedern und kommen in Spuren bereits im Rohöl vor.

F. Ölharze und Fettsäuren sind als Oxydationsprodukte der höheren Kohlenwasserstoffe anzusehen.

G. Schwefelverbindungen liegen in den Ölen in verschiedener Form vor. Neben gelöstem Schwefelwasserstoff H_2S kommen Sulfone $C_nH_{2n}SO_2$, Thiophen C_4H_4S und seine Homologen sowie Merkaptane $C_nH_{2n-1}SH$ und Alkylsulfide der allgemeinen Formel $(C_nH_{2n+1})_2S$ vor. Auch die Asphalte und Ölharze enthalten wechselnde Mengen von Schwefel.

Je nach den Mengenverhältnissen, in denen die beschriebenen Stoffgruppen in den Mineralölen auftreten, sind ihre Eigenschaften recht verschieden. Einige der Mineralöle, z. B. aus Pennsylvanien, bestehen vorwiegend aus gesättigten Kohlenwasserstoffen mit offenen Ketten. Sie werden deshalb als paraffinbasische Öle bezeichnet. Auch in Deutschland gibt es paraffinbasische Öle. Andere Mineralöle, z. B. aus dem Kaukasus und von der Golfküste, bestehen vorwiegend aus Naphthenen und werden deshalb als naphthenbasische Öle bezeichnet. Wieder andere, z. B. die rumänischen Erdöle, bestehen aus Gemischen von paraffinbasischen und naphthenbasischen Ölen und werden als gemischtbasisch bezeichnet.

Bei allen Rohölen liegt der Kohlenstoffgehalt zwischen 83 und 87% und der Wasserstoffgehalt zwischen 11 und 14%. Die Hauptbestandteile sind stets Paraffine, Naphthene und Asphalte. Daneben enthalten die Öle wechselnde Mengen von Harzen, Naphthensäuren sowie Stickstoff- und Schwefelverbindungen. Der Gesamtschwefelgehalt der Rohöle beträgt meist etwa 1 bis 1,5% [1][1].

Neben der Herkunft werden die Eigenschaften der Mineralöle durch die bei der Raffination angewendeten Arbeitsmethoden weitgehend beeinflußt. Die als Kältemaschinenöle verwendeten Mineralöle entstammen der Gruppe der Destillate mit Siedepunkten zwischen 300 bis 380° C, bei denen durch die nachfolgende Raffination bestimmte Eigenschaften erzielt werden können. Es kommen nur hochwertige, farblose bis schwach gefärbte Raffinate in Frage.

Weißöle (paraffinum liquidum) sind die am weitesten mit Schwefelsäure raffinierten Öle. Sie enthalten praktisch keine färbenden O-, S- und N-haltigen Verbindungen mehr. Bis vor etwa acht Jahren wurden in Deutschland für Kleinkältemaschinen fast ausschließlich Weißöle verwendet. Daß auch die sog. „Pale Oils" die hohen Anforderungen an Kältemaschinenöle erfüllen, wurde erst etwa in den letzten zehn Jahren in USA festgestellt [2], nachdem die Kenntnisse über die an Kältemaschinenöle zu stellenden Anforderungen gefestigt waren.

Die amerikanischen Pale Oils sind mittelschwere Raffinate, die noch meßbare Mengen an färbenden Bestandteilen enthalten, vor allem Harze in der Menge von etwa 0,5 bis 1%. Es handelt sich bei ihnen um sorgfältig raffinierte, hochwertige Schmiermittel.

Etwa 85% aller in USA verwendeten Kältemaschinenöle, die mit dem Kältemittel in Berührung kommen, sind nach Ross [3] Pale Oils, der Rest Weißöle. Alle diese Kältemaschinenöle sind für den vorgesehenen Zweck speziell hergestellte Raffinate. Trotzdem sei im Jahre 1942 in USA die Auswahl an guten Ölen für Kleinkältemaschinen gering gewesen.

Durch die Kriegsverhältnisse war die Kältemaschinenindustrie in Deutschland gezwungen, auch dunklere Raffinate als Kältemaschinenöle zu verwenden, während früher für Kältemaschinen, bei denen das Öl mit dem Kältemittel in Berührung kam, nur gute Maschinenölraffinate verwendet wurden. Die Folgen der Verwendung dieser dunklen Raffinate als Kältemaschinenöle waren vor allem bei Schwefeldioxyd als Kältemittel verheerend und sind allen Herstellern von SO_2-Kältemaschinen bekannt.

---

[1] Die in eckigen Klammern stehenden Zahlen beziehen sich auf das am Schluß des Buches gebrachte Literaturverzeichnis.

II. Aufbereitung der Rohöle.

Die Rohöle, die Stoffe mit Siedepunkten zwischen $-164°$ C und bis zu $500°$ C enthalten, werden zunächst durch fraktionierte Destillation nach Siedegrenzen und infolgedessen auch nach dem spezifischen Gewicht getrennt. Zur schonenderen Behandlung der Öle werden die höher siedenden Fraktionen meist mit Dampf, unter Vakuum oder unter Anwendung beider Maßnahmen destilliert. Man erhält — wenn man von den vorgeschalteten sog. Toppanlagen absieht — auf diese Weise folgende Gruppen von Kohlenwasserstoffen:

A. Leichte Destillate: Dazu zählt man das Rohbenzin mit einer Siedegrenze bei etwa $150°$ C, das seinerseits wieder in verschiedene Fraktionen zerlegt wird, und das Leuchtöl oder Petroleum, das Stoffe mit Siedepunkten bis etwa $300°$ C umfaßt; ferner rechnet man noch das sog. Gasöl dazu, das vor allem als Dieselöl verwendet wird und bis etwa $360°$ C übergeht.

B. Mittlere Destillate: Sie umfassen die Gruppe der Destillate, die auf hochwertige Schmieröle weiterverarbeitet werden, vorausgesetzt, daß das Rohöl die geeigneten Komponenten enthält. Aus dieser Gruppe stammen die Kältemaschinenöle. Mittlere Destillate asphaltbasischer Rohöle sind im allgemeinen nur als Heizöle verwendbar.

C. Schwere Destillate: In diese Gruppe fallen die sehr zähen Maschinenöle sowie die Zylinderöle, soweit das Rohöl geeignet ist.

D. Rückstand oder Pech: Diese Fraktion wird als Straßenöl, Asphalt usw. verwendet und kann durch Kracken auch zu Schmierölen, Heizölen oder Koks weiterverarbeitet werden.

Durch fraktionierte Destillation allein ist es nicht möglich, die einzelnen Verbindungsgruppen von Kohlenwasserstoffen voneinander zu trennen, da sie sich in ihren Siedegrenzen weit überschneiden. So können z. B. die aromatischen Verbindungen durch Destillation nicht von den paraffinischen oder naphthenischen Kohlenwasserstoffen getrennt werden. Es ist Aufgabe der verschiedenen Raffinationsverfahren, die Aromaten, Harze und Asphalte sowie die bei tiefen Temperaturen kristallisierenden, hochmolekularen Paraffine aus den Destillaten zu entfernen. Kältemaschinenöle werden durch physikalische oder chemische oder kombinierte Behandlung aus den Destillaten gewonnen.

Alle Behandlungen der Destillate haben das Ziel, die chemische Widerstandsfähigkeit des Öles zu heben, indem die instabilen Bestandteile entfernt werden, und den Stockpunkt zu erniedrigen.

Der Gehalt der Erdölprodukte an hochmolekularen Paraffinen ist von maßgebendem Einfluß auf das Kälteverhalten der Öle, da diese in den übrigen Kohlenwasserstoffen nicht unbegrenzt löslich sind und sich beim Abkühlen nach Unterschreiten der Löslichkeitstemperatur in Form fester Kristalle ausscheiden. Diese begrenzte Löslichkeit der Paraffine in Öl macht man sich bei der Entparaffinierung zunutze. Die Öle werden mit oder ohne Verdünnung durch geeignete Lösungsmittel abgekühlt; das ausgeschiedene Paraffin wird durch Abpressen auf Filtern und meist durch anschließendes Zentrifugieren von den flüssigen Kohlenwasserstoffen getrennt.

Die eigentliche Raffination kann auf zwei grundsätzlich verschiedene Arten durchgeführt werden, und zwar erstens als chemische Raffination mit konzentrierter Schwefelsäure oder zweitens als physikalische Raffination mit selektiv wirkenden Lösungsmitteln, z. B. mittels Schwefeldioxyd nach dem EDELEANU-Verfahren [4]. Beide Verfahren haben grundlegend verschiedene Wirkung auf das Öl. Bei der Raffination mit Schwefelsäure wird durch Oxydation bzw. Polymerisation der reaktionsfähige Teil des Öles in das ölunlösliche Säureharz umgewandelt, das als Schmiermittel ungeeignet ist. Die Schwefelsäureraffination wird vor allem bei der Herstellung von Spezialölen vielfach angewendet; oft im Anschluß an die Lösungsmittelraffination.

Die Lösungsmittelraffination beruht auf der leichten Löslichkeit der aromatischen und ungesättigten Kohlenwasserstoffe und der schweren Löslichkeit der gesättigten Naphthen- und Paraffinkohlenwasserstoffe in dem angewendeten Lösungsmittel. Die selektive Wirkung der Lösungsmittel bei diesen Prozessen ist um so besser, je tiefer die Extraktionstemperatur liegt, da die Löslichkeit der gesättigten Raffinat-Kohlenwasserstoffe mit fallender Temperatur stärker abnimmt als die der Extrakt-Kohlenwasserstoffe. Damit steigt die Ausbeute an Raffinat und die Reinheit der Extrakte. Die auf rein physikalischer Basis wirkenden Lösungsmittel-Raffinationsverfahren arbeiten schonender, so daß die herausgelösten, unbeständigen Anteile der Öle durch Abdampfen der Lösungsmittel wiedergewonnen und weiter verarbeitet werden können. Chemische Veränderungen finden dabei nicht statt.

Neben dem Schwefeldioxyd werden viele andere, vor allem organische Lösungsmittel mit großem Erfolg, je nach den gewünschten Eigenschaften des zu gewinnenden Öles angewendet [5]. Genannt seien als wichtigste Propan, Dichlordiäthyläther, Phenol, Furfurol, Nitrobenzol, Anilin und Pyridin. Alle diese Lösungsmittel können sowohl allein als auch in Gemischen untereinander verwendet werden [4].

Von allen Raffinationsverfahren mit selektiven Lösungsmitteln ist das mit Schwefeldioxyd nicht nur das älteste, sondern für Kältemaschinenöle, vor allem solche, die mit Schwefeldioxyd als Kältemittel arbeiten sollen, auch das wichtigste. Es soll deshalb näher beschrieben werden. Nach seinem Erfinder wird es EDELEANU-Verfahren genannt.

Großtechnisch wird das Öl im Mischer nach Vorkühlen mit vorgekühltem Schwefeldioxyd bei −10° C durchrieselt. Auf 1 Teil Öl werden

1,3 Teile Schwefeldioxyd angewendet. Die Schichten, Extrakt und Raffinat, werden getrennt, das Schwefeldioxyd verdampft und mit Wasser ausgewaschen. Das Schwefeldioxyd wird wieder verflüssigt und aufs neue verwendet. Der ganze Raffinationsprozeß geschieht in geschlossenen Behältern, jedoch nicht kontinuierlich. Die Kosten des EDELEANU-Verfahrens belaufen sich nach älteren Angaben auf etwa ½ Pf. je kg Rohdestillat.

Der Extrakt hat höheres spez. Gewicht als das Raffinat, da er die schweren, kohlenstoffreichen Anteile enthält. Er ist gelb bis braun gefärbt und besteht zum größten Teil aus ungesättigten, offenkettigen und cyclischen Kohlenwasserstoffen, vor allem Benzolhomologen. Sie finden z. B. als Terpentinölersatz Verwendung. Die über 200° C siedenden Anteile dienen als Heizöle.

Durch die Lösungsmittelraffination ist es infolge ihrer rein physikalischen Wirkungsweise nicht möglich, die Harze, Asphalte und Säuren aus den Ölen so weitgehend zu entfernen wie mit konzentrierter Schwefelsäure, da die selektive Löslichkeit den Gesetzmäßigkeiten des Verteilungssatzes unterliegt. Es stellt sich also ein Gleichgewicht des selektiv Löslichen im Öl und im Lösungsmittel ein. Deshalb ist es üblich, nach der Lösungsmittelbehandlung die letzten Reste an instabilen Bestandteilen entweder durch leichte Nachbehandlung mit Schwefelsäure oder durch Adsorption an Bleicherde zu entfernen. Durch diese Kombination der Raffinationsverfahren wird ein Teil der als Schmiermittel geeigneten Kohlenwasserstoffe unverändert erhalten, die bei einer scharfen Schwefelsäureraffination als Schmiermittel verlorengehen.

Ein erheblicher Anteil der in hochwertigen Raffinaten unerwünschten, meist sehr reaktionsfähigen und korrodierend wirkenden Schwefelverbindungen wird durch die Raffination mit konzentrierter Schwefelsäure und das Laugen der Öle entfernt. Dazu gehören vor allem die schwefelhaltigen Harze und Asphalte sowie die Merkaptane. Ferner sind eine Reihe von speziellen Entschwefelungsverfahren gebräuchlich [1]. Auf die Einzelheiten soll in diesem Rahmen nicht näher eingegangen werden.

C. Kenndaten der Öle und ihre Bestimmung.

Für die Klassifikation von Ölen ist die Bestimmung von Kenndaten üblich, die es jedoch nicht gestatten, die Verwendbarkeit eines Öles als Kältemaschinenöl zu beurteilen. Von den Herstellern der Öle werden sie aber wegen ihrer leichten Bestimmbarkeit zur Beurteilung des Herstellungsganges während der Destillation und Raffination gern herangezogen, um festzustellen, ob in der Behandlung bereits der Zustand erreicht ist, der für einen bestimmten Verwendungszweck gewünscht wird. Übereinstimmung dieser Daten deutet meist annähernde Gleichheit der Öle auch in anderen Eigenschaften an.

Dazu gehören vor allem die Farbe, die Dichte oder das spezifische Gewicht, sowie Flammpunkt, Brennpunkt, Verdampfbarkeit und der Raffinationsgrad.

I. Raffinationsgrad.

Als Kältemaschinenöle sollen nur Raffinate verwendet werden, da Destillate infolge der geringen chemischen Stabilität eines Teiles ihrer Inhaltsstoffe Anlaß zu Schlammbildung, Verkokung und Reaktionen mit den Kältemitteln geben können.

Der Raffinationsgrad ist von entscheidendem Einfluß auf das chemische Verhalten der Öle. Je weiter ein Öl ausraffiniert ist, um so weniger chemisch reaktionsfähige Stoffe enthält es. Durch sachgemäße Führung der Raffination muß neben einem Optimum an chemischer Stabilität bei möglichst geringen Verlusten an Substanz genügende Schmierfähigkeit der Öle erhalten bleiben. Dieser Forderung wird durch die physikalische Raffination mit selektiven Lösungsmitteln Rechnung getragen. Durch die Raffination mittels Schwefelsäure, welche die Öle viel stärker angreift, werden zwar alle ungesättigten und instabilen Bestandteile aus den Ölen entfernt, jedoch scheinen nach SUIDA [6] bereits auch an sich stabile Inhaltsstoffe verletzt zu sein, die dann chemisch vor allem gegen Sauerstoff anfällig sind (vgl. Abschnitt F II b).

Nach EVERS [8] haben sich für SO_2-Kältemaschinen die mit Schwefeldioxyd raffinierten EDELEANU-Öle besonders bewährt. Wegen der selektiven Eigenschaften des Schwefeldioxydes dürfen für dieses Kältemittel nur hochraffinierte Öle verwendet werden. Harze, Asphalte, Aromaten und alle ungesättigten Kohlenwasserstoffe werden von Schwefeldioxyd, das im Verdichter bei Stillstand unter dem Öl kondensiert, gelöst und teilweise chemisch verändert, während die Grundsubstanz des Öles in Schwefeldioxyd nur sehr wenig löslich ist. Verdampft nun das Schwefeldioxyd beim Anlauf, so werden die Harze und früher erwähnten Stoffe, die sulfoniert sind, ausgeschieden und können nach ROSS [9] zum Verkleben bewegter Teile und zu Verstopfungen führen. Die Kältemaschinenöle der Sun Oil Comp. sind speziell für diesen Verwendungszweck raffinierte Öle naphthenbasischer Herkunft [7]. In Deutschland beginnt man erst in letzter Zeit mit der Herstellung besonderer Öle für Kältemaschinen, nachdem festgestellt wurde, daß viele der Störungen im Kältemittelkreislauf der Maschinen auf die chemische und physikalische Wechselwirkung zwischen dem Öl und dem Kältemittel zurückzuführen sind. Auf diese Wechselwirkungen zwischen Öl und den verschiedenen Kältemitteln wird in Kapitel F ausführlich eingegangen. Die Korrosion der Baustoffe von

Kältemaschinen durch die Öle wird in Abschnitt G II behandelt. Es sei jedoch an dieser Stelle erwähnt, daß hochraffinierte Öle weniger zur Korrosion der Metalle neigen als weniger gut ausraffinierte, die auch gegen einen Teil der Kältemittel chemisch nicht so beständig sind wie die besser raffinierten Öle.

Für die Bestimmung des Raffinationsgrades der Öle gibt es keine allgemein gültige Arbeitsmethode. Er ergibt sich aus einer Reihe von Öleigenschaften, die durch den Grad der Raffination weitgehend beeinflußt werden. Dazu gehören vor allem die natürliche Farbe und der Ölharzgehalt, sowie das spezifische Gewicht, auf die im einzelnen noch eingegangen wird.

WALTHER [10] hat sich eingehend mit der Bestimmung des Raffinationsgrades von Ölen befaßt. Er kommt zu dem Schluß, daß die übliche Bestimmung des Raffinationsgrades mit konzentrierter Schwefelsäure unzweckmäßig ist, da praktisch nur die mit konzentrierter Schwefelsäure raffinierten Öle dieser Prüfung standhalten können. Nahezu alle Lösungsmittelraffinate, auch die SO_2-Raffinate, ergeben eine Verfärbung der Schwefelsäure ins Dunkelbraune bis Schwarze und müßten als unzureichend raffiniert bezeichnet werden. WALTHER benützt die bekannte Tatsache, daß Schwefelsäure verschiedener Konzentration auf die einzelnen Gruppen der Ölkohlenwasserstoffe verschieden einwirkt, zu einer feiner abgestuften Bestimmungsmethode des Raffinationsgrades. Er stellte fest, daß 50%ige Schwefelsäure am geeignetsten ist. Er benutzt weiterhin Normalbenzin, um durch Verdünnen, selbst bei zähflüssigen Ölen, eine schnelle Trennung der Schwefelsäure- und der Ölschicht herbeizuführen. Neuöle dürfen bei dieser Prüfung keine Veränderung der Farbe der Schichten oder Harzausscheidungen zwischen den Schichten ergeben. Gebrauchte Öle ergeben je nach ihrem Alterungszustand eine mehr oder weniger starke Verfärbung der Schwefelsäure und gelegentlich Ausscheidungen von Säureharz.

5 cm³ Öl werden in einem Reagenzglas in 5 cm³ Normalbenzin gelöst und dann 5 cm³ 50 Vol.-%ige Schwefelsäure zugesetzt. Nach 1 Minute langem energischem Schütteln wird gewartet, bis eine klare Trennung der Schichten erfolgt ist und dann die Veränderung bestimmt.

Der Raffinationsgrad von Ölen für SO_2-Kältemaschinen wird oft auch festgestellt, indem das Öl bei $-10°$ C mit dem 1,3fachen Volumen Schwefeldioxyd ausgeschüttelt wird. Nach der Trennung soll sich das Schwefeldioxyd nicht dunkler gefärbt haben als das Öl.

Eine Möglichkeit zur einfachen Kontrolle des Raffinationsgrades nicht zusätzlich gefärbter Öle ist mit der einfachen Feststellung ihrer natürlichen Farbe gegeben, da diese nur durch den Raffinationsgrad und den Restgehalt an Harzen beeinflußt wird [12].

II. Farbe.

Das Aussehen der Öle soll klar sein, da Trübungen stets auf Verunreinigungen hinweisen. Die natürliche Farbe der Kältemaschinenöle soll möglichst hell sein. Dunklere als hellgelbe Öle sollen nach amerikanischen Forderungen nicht als Kältemaschinenöle verwendet werden, wenn die Öle mit dem Kältemittel in Kontakt kommen.

Die Farbbestimmung von Ölen kann auf einfache und hinreichend genaue Weise mit dem Kolorimeter zur Bestimmung der Farbe von Ölen [11] vorgenommen werden.

Zur Bestimmung soll das zu prüfende Öl Zimmertemperatur haben. Grundsätzlich soll nur gefiltertes Öl verwendet werden, da Wasser oder feste Fremdstoffe, wie Ruß, Schlamm u. dgl. die Farbe der Öle beeinflussen oder verdecken können. Man füllt ein Reagenzglas von 15 mm lichter Weite mit dem Öl, führt das Glas in die hierfür vorgesehene Öffnung des Kolorimeters ein und ermittelt in der Durchsicht gegen Tageslicht die Vergleichsfarbe der Farbtafel. Die Farbe des Öles wird

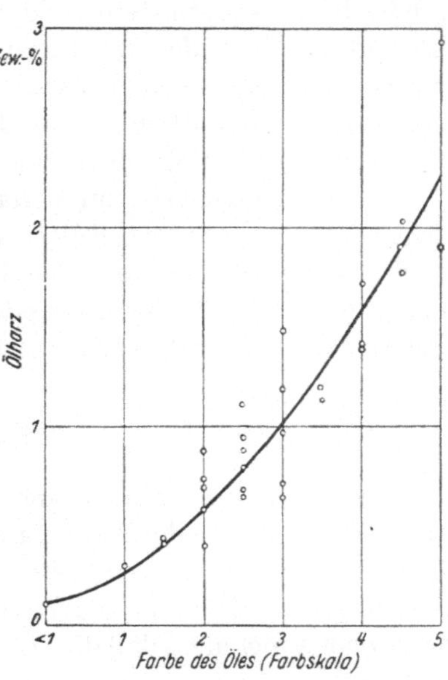

Abb. 3. Abhängigkeit der natürlichen Farbe der Öle vom Ölharzgehalt [12].

als Zahl entsprechend der Nummer der Kolorimeterstufe angegeben. Die Farbtafel kann nur zur Festlegung der natürlichen Farbe der Öle verwendet werden.

In USA ist die Bestimmung der Farbe von Ölen genormt. Am gebräuchlichsten ist die Verwendung des ASTM Union-Colorimeters nach ASTM D 155 — 45 T (F. S. B. Nr. 10. 2. 4). Die Farbe wird durch Vergleich mit Standard-Farbgläsern als Zahl entsprechend der Nummernskala ausgedrückt. Gemessen wird mit künstlichem Licht. Das Gerät ist auch in Deutschland in der Ölindustrie vielfach gebräuchlich.

Die Farbe der Öle wird ausschließlich durch den Grad der Raffination bestimmt, also letzten Endes durch ihren Restgehalt an Ölharz. STEINLE [12] hat die Abhängigkeit der natürlichen Farbe der Öle von ihrem Gehalt an Ölharz aufgenommen. Die Farbbestimmung wurde mit dem genannten Kolorimeter vorgenommen, das Ölharz wurde nach dem erweiterten NOACK-Verfahren (Abschnitt D II) bestimmt. Abb. 3 zeigt die Abhängigkeit der natürlichen Farbe der Öle vom Ölharzgehalt. Die Farbe der Öle steigt mit zunehmendem Gehalt an Ölharz stark an. Sie kann als Maß für die Bestimmung des Ölharzgehaltes verwendet werden, wenn man einmal eine Eichkurve aufgenommen hat. Man kann dann auf die Bestimmung des Ölharzes in vielen Fällen verzichten.

Da alle chemischen Veränderungen der Öle mit Farbänderungen verbunden sind, kann die Farbe der Öle auch zur Kontrolle des Alterungsgrades herangezogen werden. Man braucht das in Betrieb befindliche Öl nur mit der Farbe des Neuöles zu vergleichen und kann leicht feststellen, ob das Öl noch brauchbar ist oder nicht, da Verfärbungen stets auf unerwünschte Veränderungen hindeuten. Die Farbskala entspricht den Farbstufen, die bei der Alterung von Ölen auftreten.

Oft werden den Ölen zur Vermeidung von Verwechslungen Farbstoffe zugesetzt. Davon ist bei Kältemaschinenölen abzuraten, da diese Farbstoffe meist thermisch und chemisch weniger stabil sind als die Öle und zur Einleitung von unerwünschten Reaktionen führen können. Bei Schwefeldioxyd ist dies sicher der Fall.

III. Dichte.

Das spezifische Gewicht oder die Dichte der Öle hat keinen Einfluß auf ihr Verhalten in der Kältemaschine. Die Bestimmung des spezifischen Gewichtes bietet eine einfache Möglichkeit festzustellen, ob zwei Öle identisch sind. Stimmen die Werte bis zur dritten Dezimale überein, so kann man annehmen, daß die Öle in ein und derselben Charge hergestellt wurden.

Das spezifische Gewicht wird mit dem Pyknometer oder einfacher mit der geeichten Aräometerspindel bestimmt. Die Bestimmung mit der Aräometerspindel ist nach DIN 53653 genormt; sie kann bei nicht zu zähen Ölen angewendet werden. Man bringt das Aräometer und einen Standzylinder mit dem Öl in einen Raum von etwa 20° C. Durch mehrmaliges Umrühren des Öles im Standzylinder wird der Ausgleich der Temperatur beschleunigt. Nachdem das Öl die Temperatur von 20° C angenommen hat, läßt man die Spindel in das Öl gleiten und liest bei leichten Ölen nach etwa 1 Minute, bei zähflüssigen Ölen etwas später, die Dichte an der Aräometerskala und die Temperatur an der Temperaturskala ab. Die Dichte muß bei durchsichtigen Ölen in der Höhe des Flüssigkeitsspiegels, bei undurchsichtigen am oberen Wulstrand abgelesen werden. Die Höhe des Wulstes muß als Korrektur abgezogen werden.

Das spezifische Gewicht von Ölen wird in USA nach ASTM D 287 — 39 (F. S. B. Nr. 40. 1. 2) mit dem Hydrometer oder nach ASTM 941 — 47 T (F. S. B. Nr. 40. 2) ermittelt. Ein Aräometerverfahren ist in USA nicht genormt.

In USA wird statt des spezifischen Gewichtes vielfach die sog. API-

Dichte (° API) benützt (API = American Petroleum Institute), die mit dem spezifischen Gewicht wie folgt zusammenhängt

$$^\circ \text{API} = \frac{141{,}5}{\mathrm{d}\,\frac{15{,}6}{15{,}6}} - 131{,}5;$$

dem spezifischen Gewicht also umgekehrt proportional ist. In der Formel bedeutet $\mathrm{d}\,\frac{15{,}6}{15{,}6}$ die bei 15,6° C (= 60° F) gemessene Dichtezahl des Öles bezogen auf Wasser von 15,6° C.

Die Dichte der Rohöle beträgt 0,73 bis über 1,0 g/cm³, wobei sich die paraffinbasischen Öle durch niedrigere Werte auszeichnen als die naphthenbasischen. Die Dichte der Öle wird durch die Raffination stets gesenkt, da bei der Behandlung mit Säure, Lösungsmittel oder Erde die hochmolekularen, mehr Kohlenstoff enthaltenden Bestandteile in erster Linie entfernt werden. Sie liegt für die üblichen Kältemaschinenöle meist zwischen 0,8 und 0,95 g/cm³.

IV. Flammpunkt.

Der Flammpunkt ist die Temperatur, bei der beim Erwärmen des Öles die Dampfbildung so stark wird, daß bei Annäherung einer Flamme die erste Zündung des Öldampf-Luftgemisches eintritt. Der Flammpunkt wird in Deutschland mit dem genormten MARCUSSON-Apparat nach DIN 53661 im offenen Tiegel ermittelt.

Nach dem Einstellen des Gerätes und dem Einfüllen des Öles wird die Temperatur zunächst um 5 bis 10° je Minute gesteigert. Etwa 30° unterhalb des Flammpunktes wird der Temperaturanstieg auf 3 ± 0,5° je Minute verringert und die Zündflamme nach je 1° Temperaturanstieg über den Tiegel geführt. Die Temperatur, bei der sich das Gas-Luft-Gemisch über dem Flüssigkeitsspiegel das erstemal entzündet, aber wieder verlöscht, wird am Thermometer abgelesen und gilt als Flammpunkt.

In USA ist die Flammpunktbestimmung neben einigen anderen Verfahren mit dem offenen Cleveland-Tiegel nach ASTM D 92 − 46 (F. S. B. Nr. 110. 3. 4) genormt, die sich mit der deutschen DIN-Methode deckt.

Über die Bedeutung des Flammpunktes für Kältemaschinenöle gehen die Meinungen auseinander. Sicher ist, daß er wegen der Gefahr der Entflammung keine Bedeutung hat, da die in der Kältemaschine auftretenden höchsten Betriebstemperaturen stets unterhalb des Flammpunktes liegen und Sauerstoff nicht vorhanden ist. Auch fehlt eine Zündquelle. Er ist jedoch insofern von Bedeutung, als er angibt, bei welcher Temperatur die ersten flüchtigen Bestandteile auftreten und sollte ermittelt werden. Er soll nach Entwurf DIN 6553 vom Juni 1950 (102) mindestens

150° C betragen. Dieser Wert wird selbst bei dünnen Ölen meist eingehalten.

Bei Kältemaschinen mit hohen Arbeitstemperaturen an den Zylinderköpfen, z. B. solchen, die mit Ammoniak (NH_3) und vor allem Kohlendioxyd (CO_2) als Kältemittel betrieben werden, ist dem Flammpunkt Aufmerksamkeit zu widmen; jedoch ist der Flammpunkt auch hier weniger wegen der Gefahr der Entzündung, als vielmehr wegen der Öldampfbildung von Bedeutung. Für die Zündung in den Zylindern, vor allem beim Abpressen mit Luft, ist nicht der Flammpunkt, sondern der Selbstzündpunkt maßgebend. Für seine Bestimmung gibt es aber noch kein eindeutiges Verfahren. STEINBACH [13] schlägt vor, den Flammpunkt von Ölen für Ammoniak- und Kohlendioxyd-Kältemaschinen mit mindestens 160° C anzusetzen. In den Kleinkältemaschinen, bei denen Temperaturen von 100° C selten überschritten werden, hat der Flammpunkt keinerlei Bedeutung und ist nur als Charakteristikum des Öles zu werten.

Naphthenbasische Öle haben allgemein tiefere Flammpunkte als paraffinbasische Öle vergleichbarer Qualität.

V. Verdampfbarkeit.

Die Flüchtigkeit oder Verdampfbarkeit der Öle hängt eng mit dem Flammpunkt zusammen. Sie muß möglichst gering sein, also der Flammpunkt genügend hoch, um selbst bei den höchsten Betriebstemperaturen das Ausdampfen niedrigsiedender und somit niedrigviskoser Bestandteile und ihren Übergang in den Verdampfer zu vermeiden. Dadurch können sich die Öleigenschaften, insbesondere die Zähigkeit, ändern, was nach Ross [9] zu Schwierigkeiten beim Anlauf der kalten Kältemaschine führen kann.

Aus diesem Grunde soll das Siedeintervall der Öle eng begrenzt sein. Kältemaschinenöle sollen möglichst aus einer eng begrenzten Fraktion stammen und nicht durch Verschnitt weit auseinanderliegender Fraktionen auf die gewünschten Eigenschaften eingestellt werden.

Es gibt verschiedene Methoden zur Bestimmung der Verdampfbarkeit von Ölen. Wegen der Einzelheiten dieser verschiedenen Methoden sei auf das neu erscheinende Lehrbuch von HOLDE verwiesen. Da die Angaben der einzelnen Methoden nicht untereinander vergleichbar sind, muß man immer angeben, nach welcher Methode die Verdampfbarkeit des untersuchten Öles bestimmt wurde.

D. Verunreinigungen der Kältemaschinenöle und ihre Bestimmung.

Die chemischen Verunreinigungen und die dadurch verursachten Eigenschaften der Mineralöle sind weitgehend durch die Herkunft des Rohöles gegeben. In der Raffination vollkommen gleich behandelte Öle können trotzdem verschiedene Verunreinigungen aufweisen und in ihren chemischen Eigenschaften voneinander abweichen. Deshalb ist es notwendig, die Öle bei der Auswahl für Kältemaschinen sorgfältig zu untersuchen. Vor allem ist es wichtig, die Lieferer über den vorgesehenen Verwendungszweck genau zu informieren. Da diese Tatsache bisher übersehen wurde, konnten die Lieferer meist nur Auskunft über die Hauptkenndaten der Öle in physikalischer Hinsicht geben und haben sich mit den speziellen Anforderungen praktisch nicht befaßt.

Alle neuen Mineralöle sind geruchlos; Geruch zeigt Verunreinigungen an. Säuerlicher Geruch deutet auf die Anwesenheit sauerstoffhaltiger Bestandteile, vor allem von Harzen und Säuren, hin. Solche Öle sind entweder nicht genügend raffiniert, nach einer Säurebehandlung ungenügend gelaugt und gewaschen oder durch lange Lagerung in Berührung mit Sauerstoff gealtert.

Zur Vermeidung von Oxydationen müssen die hoch ausraffinierten Kältemaschinenöle möglichst unter Luftabschluß gehalten werden. Auch sollen die Öle nicht längere Zeit dem Tageslicht ausgesetzt werden, da durch photochemische Reaktionen die Oxydation beschleunigt wird. Kupfer und Messing werden durch schwefelhaltige Anteile der Öle angegriffen, deshalb sollen Öle nicht in Gefäßen aus diesen Metallen gelagert werden. Blei ist ebenfalls zu vermeiden, da es katalytisch schlammbildend wirkt. Aus dem gleichen Grunde sollen die genannten Metalle nicht für Geräte zur Untersuchung von Ölen benützt werden [11], soweit sie nicht für den Untersuchungsgang selbst von Bedeutung sind. Auf das Verhalten von Ölen gegen Metalle und andere Baustoffe der Kältemaschinen wird in Abschnitt G II näher eingegangen.

Zu allen Bestimmungsmethoden von Verunreinigungen in Ölen ist zu bemerken, daß sie nur Konventionalmethoden darstellen, deren Ergebnisse nicht wie bei den anorganischen Analysenverfahren untereinander vergleichbar sind. Sie müssen dem jeweiligen Verwendungszweck angepaßt werden.

In DIN 53663 ist ein Verfahren zur Bestimmung der festen Fremdstoffe angegeben:

5 bis 10 g Öl werden in der zehnfachen Menge Benzol — KAHLBAUM-Benzol 80/82 (thiophenfrei) — gelöst und durch ein bei 105° C getrocknetes und gewogenes Filter abfiltriert. Nach dem Auswaschen mit Benzol

wird das Filter bei 105° C getrocknet und gewogen; Angabe in % des Ölgewichtes.

Die Art der Probenahme von Ölen für Untersuchungen ist in DIN 53651 vorgeschrieben.

I. Wassergehalt.

Gut getrocknete Öle sind hygroskopisch und nehmen bei normaler Luftfeuchtigkeit begierig Wasser auf. Dieser Tatsache ist bei der Lagerung der Öle unbedingt Rechnung zu tragen. In USA werden Kältemaschinenöle aus diesem Grunde vielfach unter Vakuum oder in Behältern geliefert, die mit getrockneten, inerten Gasen, z. B. Stickstoff, gefüllt sind [14]. Diese Öle können vom Verbraucher direkt in die Kältemaschinen eingefüllt werden. Vielfach behilft man sich auch in der Weise, daß man die zum Druckausgleich benötigte Luft durch Trockenrohre passieren läßt, um keine Feuchtigkeit in die Behälter einzulassen. Behälter mit Ölen für Kältemaschinen sollen keinesfalls im Freien oder in Schuppen, sondern in trockenen und warmen Räumen gelagert werden.

Lassen sich derartige Maßnahmen zur Trockenhaltung der Öle vom Hersteller bis zum Einfüllen in die Kältemaschinen nicht durchführen, so müssen die Öle direkt vor dem Einfüllen sorgfältig getrocknet und auf ihren Wassergehalt untersucht werden. Feuchte Öle führen ebenso wie wasserhaltige Kältemittel in den meisten Fällen zu Störungen in den Kältemaschinen und zur Verkürzung ihrer Lebensdauer.

Wasser in Kältemaschinenölen hat, wenn es einen bestimmten Gesamtgehalt übersteigt, in jedem Falle ein frühzeitiges Altern und die Zerstörung der Öle zur Folge. Dabei ist es nahezu gleichgültig, mit welchem Kältemittel gearbeitet wird. Die Grenze für Öle zur Verwendung mit Schwefeldioxyd und den chlorierten und fluorierten Kohlenwasserstoffen wird allgemein mit etwa 25 bis 30 mg Wasser je kg flüssige Füllung der Kältemaschine angegeben. Die Alterung wird durch die hohen Temperaturen und durch die in gekapselten Kältemaschinen auftretenden elektrischen Felder stark beschleunigt. Dabei entstehen in erster Linie organische Säuren aus den Ölen, die ihrerseits zu Korrosionen an den Metallen, vor allem Kupferlegierungen und den organischen Isolierstoffen, führen. Meist wird dabei die Schmierfähigkeit der Öle herabgesetzt. Die gebildeten Korrosionsprodukte können in Lagern und an anderen bewegten Teilen leicht zu Störungen durch Fressen führen.

Die gebildeten Fettsäuren sind z. T. im Öl nicht mehr löslich und werden ausgeschieden. Dies geschieht in gekapselten Kältemaschinen bevorzugt an den Kupferwicklungen, da es sich um polare Moleküle handelt, die im elektrischen Feld wandern. Die dadurch verursachte Schwächung der Isolation kann zu elektrischen Überschlägen führen, die meist

den sofortigen Ausfall der Kältemaschine zur Folge haben. Zellulose-
isolationen werden dunkel verfärbt und brüchig.

Nasse Öle mit emulgierten Wassertropfen führen in gekapselten
Kältemaschinen ohne vorhergehende chemische Reaktionen leicht zu
elektrischen Überschlägen, da die Tropfen im elektrischen Feld ellip-
tische Form annehmen, sich aneinanderreihen und Leitungskanäle bilden [15]. Trockene Zellulose in Form von Baumwolle, Zellwolle und Papier, sowie andere organische Isolierstoffe nehmen das Wasser aus dem
Öl wie die besten Trockenmittel auf. Ebenso nimmt trockenes Öl aus
luftfeuchter Zellulose Wasser begierig auf. Nach etwa 5 bis 8 Tagen stellt
sich ein Gleichgewichtszustand ein, der von der Temperatur praktisch
unabhängig ist [16].

Bei allen diesen Betrachtungen ist zunächst der Einfluß und die Mit-
wirkung der verschiedenen Kältemittel bei Störungen durch feuchtes Öl
in Kältemaschinen unberücksichtigt geblieben.

Aus Kohlendioxyd (CO_2) friert das Wasser aus und führt als Eis
leicht zu Störungen durch Verstopfungen [13]. Da Kohlendioxyd chemisch vollkommen inaktiv ist, besteht die Möglichkeit, als Schmiermittel
mit Vorteil solche Stoffe zu verwenden, die das Wasser zu lösen vermö-
gen. Besonders geeignet und vielfach angewendet ist das Glyzerin, das
eine günstige Zähigkeit besitzt und erhebliche Mengen Wasser zu lösen
vermag, wobei mit zunehmendem Wassergehalt der Stockpunkt bis zum
Eutektikum mit etwa 25% Wasser im Glyzerin auf − 46° C abfällt. Mit
zunehmendem Wassergehalt sinkt aber die Zähigkeit ab. Gleichzeitig
werden damit auch die Schmiereigenschaften verschlechtert. Nach
STEINBACH soll der Glyzeringehalt nicht unter 70% absinken. Die Zähigkeit dieser Lösung ist 2,8° E bei 20° C und 1,3° E bei 50° C: der Erstarrungspunkt eines Gemisches von 70% Glyzerin, Rest Wasser ist − 39° C.
Zum Einfüllen in die Kohlendioxyd-Verdichter wird üblicherweise 80 bis
90%iges Glyzerin verwendet mit einer Zähigkeit von 6,8 bis 25° E bei
20° C.

Diese Glyzerin-Wassergemische greifen die üblichen Baustoffe für
Verdichter nicht an. Sie sind auch unter den Betriebsbedingungen thermisch beständig.

In Ammoniak-Kältemaschinen sind durch Wasser keine chemischen Schäden zu erwarten, zumal Ammoniak als Kältemittel nur für
offene Kältemaschinen in Frage kommt. Zu berücksichtigen ist jedoch,
daß Ammoniak bei Gegenwart von Wasser mit Ölen emulgiert [7],
so daß das Wasser in der Maschine herumgetragen wird und eventuell
Aufschäumen des Öles eintreten kann.

Ammoniak und Wasser bilden eine Lösung, die bei den in Kältemaschinen üblichen Temperaturen nicht gefriert. Mitunter wird in Ammoniak-Kältemaschinen ein geringfügiger Zerfall des Kältemittels bei

Gegenwart von Wasser beobachtet, der vor allem zur Bildung von Wasserstoff führt [17]. Er macht sich von Zeit zu Zeit als Fremdgas bemerkbar und muß durch Entlüften beseitigt werden. Ob es sich bei diesen Vorgängen um Dissoziation des Ammoniaks allein handelt oder um Reaktionen zwischen Ammoniak, Wasser und Metall, steht nicht sicher fest.

Größtmögliche Trockenheit der Öle ist vor allem bei der Verwendung mit Schwefeldioxyd als Kältemittel nötig. Dies trifft ebenso für offene wie vor allem für gekapselte Kältemaschinen zu. Schwefeldioxyd bildet mit Wasser schweflige Säure, die z. T. sogar in Schwefelsäure übergehen kann. Diese Säuren greifen die Metalle unter Bildung von Salzen an und führen schnell zu schweren Zerstörungen. Die organischen Isolierstoffe werden durch Schwefelsäure und durch schweflige Säure unter Wasserabspaltung zerstört, so daß es schließlich zu Überschlägen zwischen den Wicklungen kommt. Schwefelsäure und in geringem Maße auch die anderen Sauerstoffsäuren des Schwefels wirken gegenüber den Ölen als Raffinationsmittel und bilden Säureharze, die sich auch an der Zerstörung von Baustoffen der Maschinen beteiligen. Wasser führt in SO_2-Kältemaschinen zu einer solchen Vielzahl chemischer Reaktionen, daß es schwer ist, sich ein einigermaßen übersichtliches Bild von dem zeitlichen Ablauf zu machen. Die Folgen dieser Reaktionen, die durch Wasser ausgelöst oder doch beschleunigt werden, sind jedoch hinreichend bekannt, so daß auf Trocknung von Ölen für gekapselte SO_2-Kältemaschinen größtmögliche Sorgfalt aufgewendet werden sollte.

Die offenen SO_2-Kältemaschinen sind durch Feuchtigkeit nicht in dem Maße gefährdet, wie die gekapselten, bei denen sich die eintretenden Korrosionen vor allem auf die im Kältemittelkreislauf liegenden elektrischen Teile verheerend auswirken. Korrosionen an den metallischen Baustoffen treten in erster Linie an den Druckventilen auf und führen vor allem bei kleineren Maschinen zu Störungen durch Fressen von gegeneinander bewegten Teilen, sowie zu Verstopfungen empfindlicher Regelorgane, vor allem von Düsen und Expansionsventilen. Bei ihnen besteht außerdem die Gefahr von Korrosionen am Ventilsitz, so daß die Ventile undicht werden und damit die Kälteleistung der Maschine absinkt. Die Ventilnadeln können aber auch festkleben und den Kreislauf des Kältemittels sperren.

Die Gefahr der Eisbildung durch ausgeschiedenes Wasser ist in SO_2-Maschinen nicht gegeben, da die Löslichkeit von Schwefeldioxyd für Wasser verhältnismäßig hoch ist. SO_2 löst bei —10° C bis zu etwa $1^0/_0$ Wasser [95].

Für Kältemaschinen der offenen und gekapselten Bauart, die mit Frigen (CF_2Cl_2) betrieben werden, ist Wasser in gleichem Maße gefährlich. Die Löslichkeit von Wasser in Frigen ist außerordentlich gering.

Sie beträgt nach Abb. 4 bei 20° C etwa 70 mg H_2O/kg CF_2Cl_2, bei $-15°$ C aber nur 10 mg H_2O/kg CF_2Cl_2. Selbst wenn die Maschine und das Kältemittel auf das sorgfältigste getrocknet sind, besteht immer wieder die Gefahr der Verstopfung durch Wassereis, wenn durch das Öl zuviel Wasser in die Kältemaschine eingebracht wird. Das Wasser wird beim Expandieren in den Regelorganen ausgeschieden und verstopft diese bald vollkommen, da es sich an den Wandungen festsetzt und immer mehr wächst. Zwar lassen sich diese Verstopfungen durch Wasser in Frigen-Kältemaschinen durch Erwärmen über 0° C leicht entfernen, treten aber immer wieder auf, so daß eine gleichmäßige Kühlung mit der Maschine nicht mehr erreicht werden kann. Zu berücksichtigen ist ferner, daß Frigen und Wasser über 0° C ein klebriges Hydrat bilden, das recht beständig ist und an den Baustoffen haftet.

Neben dieser Gefahr der Hydrat- und Eisbildung durch Wasser in Frigen-Kältemaschinen besteht immer auch die Möglichkeit der chemischen Dissoziation des Frigens unter Abspaltung von Chlor und Fluor und Bildung von Halogenwasserstoffsäuren, die zu Korrosionen führen. Derartige Dissoziationen werden durch die katalytische Wirkung der Baustoffe

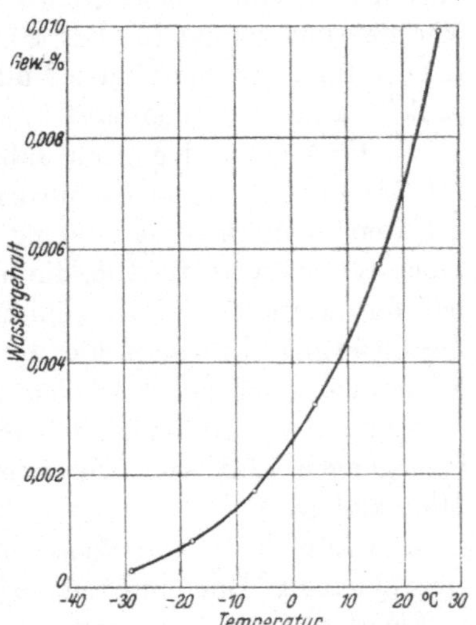

Abb. 4. Löslichkeit von Wasser im flüssigen Frigen [18].

bei den hohen Betriebstemperaturen und die elektrischen Felder in den geschlossenen Maschinen noch gefördert [18].

Feuchte Öle in Methylchlorid-Kältemaschinen führen ebenso wie in Frigenmaschinen zur Eisbildung und Verstopfung. Die Vorgänge sind dabei die gleichen, da alle Kohlenwasserstoffe und ihre fluorierten und chlorierten Derivate Wasser nur in sehr begrenzter Menge lösen. Die trockenen Kältemittel wirken in starkem Maße als Transportmittel für den Wasserdampf, dessen Partialdruck sich im Dampfraum auf der warmen Druckseite der Kältemaschinen einstellt. Da Methylchlorid chemisch viel reaktionsfähiger ist als Frigen, spaltet es mit Wasser leichter unter Bildung von Salzsäure auf, die zu starken Korrosionen in den Maschinen führen kann. Die Kupferplattierung, die in Kältemaschinen mit chlorierten Kältemitteln beobachtet wird, wenn der Wassergehalt im System zu hoch ist, und die in Methylchlorid-Maschinen in besonders auffälliger Form auftritt, wird in Abschnitt G II b ausführlich behandelt.

Auf Grund der praktischen Erfahrungen in Kältemaschinen wurden Höchstgrenzen für den Wassergehalt in den Kältemaschinenölen festgelegt. In Deutschland werden bis heute in Ölen für Kleinkältemaschinen Höchstwassergehalte bis zu 100 mg/kg Öl zugelassen, während für offene Großkältemaschinen, die auch meist mit weniger wasserempfindlichen Kältemitteln und Regelorganen arbeiten, nur die Freiheit von ungelöstem Wasser gefordert wird [13]. Für Methylchlorid-Maschinenöle wird wegen der oben geschilderten Gefahren auch für Großanlagen im allgemeinen eine Höchstgrenze von 100 mg/kg angegeben. Nach einer Veröffentlichung der IG. Farbenindustrie AG. [19] soll der Wassergehalt in Ölen für Frigenmaschinen Null sein, eine Forderung, die sich bis heute praktisch nicht erfüllen läßt.

In USA gilt seit einigen Jahren die allgemeine Forderung, daß Öle für Kältemaschinen, gleichgültig mit welchem Kältemittel sie zusammenarbeiten, nicht mehr als 30 mg Wasser/kg Öl enthalten dürfen. Diese Höchstgrenze wird für Öle, die in vakuumdichten, verlöteten Kanistern geliefert werden, von der Ölindustrie garantiert [7] und offenbar auch bei Lieferung in Fässern oder Kesselwagen durch Trocknen der Öle vom Verbraucher vor dem Einfüllen in die Kältemaschinen erreicht.

Ehe auf die Methoden zur Bestimmung des Wassergehaltes in Ölen eingegangen wird, sei noch einiges über die Löslichkeit von Wasser in Mineralöl gesagt.

Die Löslichkeit von Wasser in Ölen ist von der Vorbehandlung des Öles abhängig. Hoch ausraffinierte Öle lösen weniger Wasser als weniger raffinierte. Alterungs- und Oxydationsprodukte im Öl erhöhen die Wasserlöslichkeit.

Je zäher ein Öl ist, um so weniger Wasser nimmt es in gleicher Zeit aus der Luft auf; die Aufnahmefähigkeit steigt linear mit der relativen Luftfeuchtigkeit. Die Sättigung des Öles wird bei größerer relativer Luftfeuchtigkeit naturgemäß schneller erreicht. Sie beträgt z. B. für ein mittleres Öl bei

$$
\begin{array}{lll}
80\% \text{ rel. Luftfeuchtigkeit} \ldots\ldots\ldots & 65 \text{ mg/kg Öl} \\
40\% \quad\text{„} \quad\quad\quad\text{„} \quad\quad \ldots\ldots\ldots & 40 \quad\text{„} \quad\text{„} \\
25\% \quad\text{„} \quad\quad\quad\text{„} \quad\quad \ldots\ldots\ldots & 30 \quad\text{„} \quad\text{„.}
\end{array}
$$

Die Löslichkeit von Wasser in Abhängigkeit von der Öltemperatur ist aus Abb. 5 ersichtlich. Sie nimmt mit steigender Temperatur stark zu. Diese Werte gelten für ein hochraffiniertes Weißöl mittlerer Zähigkeit [16]. Die Löslichkeit dieses Öles für Wasser beträgt bei Zimmertemperatur nur etwa 40 mg/kg. Bei schwach gefärbten Raffinaten der Farbstufe 2 bis 3 liegt die Löslichkeit um etwa 70 mg Wasser/kg Öl.

Erfahrungsgemäß haben die Öle im Anlieferungszustand in den Leihfässern der Ölfirmen meist Wassergehalte zwischen etwa 130 bis 180 mg/kg. Damit ist die Löslichkeitsgrenze überschritten, und es muß angenommen werden, daß das Wasser in Form ganz feiner Teilchen, gleichmäßig suspendiert, im Öl verteilt ist. Daraus geht die Notwendigkeit der sorgfältigen Trocknung und Prüfung der Öle hervor. Eine Trübung ist bei diesen Wassergehalten noch nicht festzustellen.

a) Wasserbestimmung in Ölen.

Die Bestimmung des Wassergehaltes in Ölen ist ein noch nicht zur vollen Zufriedenheit gelöstes Problem. Das zeigt sich schon an der Vielzahl von Verfahren, die in Anwendung sind und die in fast jedem Laboratorium irgendeine Abwandlung erfahren. Einzelne Verfahren, die genügende Exaktheit bei der Bestimmung ergeben, haben den Nachteil, sehr zeitraubend zu sein, und scheiden für Reihenuntersuchungen in Fabriklaboratorien meist aus. Es gibt wohl einige einfache, meist qualitative Verfahren, die aber für Kältemaschinenöle wegen ihrer zu geringen Empfindlichkeit kaum anwendbar sind. Viel wertvolle Arbeit ist hier vor allem auf dem Gebiet der Transformatorenöle geleistet worden, wo die Probleme ganz ähnlich liegen.

Grundsätzlich kommen zwei verschiedene Gruppen von Verfahren zur Wasserbestimmung in Ölen in Betracht:

a) Elektrische Methoden,
b) Chemische Methoden.

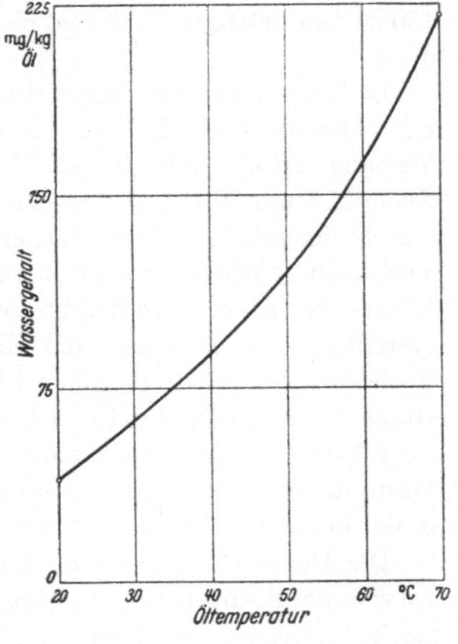

Abb. 5. Löslichkeit von Wasser in Weißöl in Abhängigkeit von der Öltemperatur [16].

Einige der gebräuchlichsten Verfahren, die für Laboratorien und die laufende Kontrolle in der Fertigung von Bedeutung sind, sollen besprochen werden. Wer sich jedoch mit Einzelheiten befassen will, sei auf das sehr umfangreiche Schrifttum auf diesem Gebiet verwiesen.

1. Elektrische Methoden zur Wasserbestimmung. Einleitend sei erwähnt, daß alle Gerätschaften für elektrische Messungen von Ölen nur mit Leder, nicht aber mit fasernden Stoffen ausgerieben werden dürfen. Der Grund für diese Forderung geht aus den folgenden Ausführungen klar hervor. Ferner sind alle Geräte vor den Messungen mit dem Öl zu spülen, das untersucht werden soll.

Die Bestimmung der elektrischen Durchschlagsfestigkeit ist die gebräuchlichste Methode zur Feststellung der Reinheit und Isolierfähigkeit von Ölen. Sie erfordert zwar einen großen einmaligen apparativen Aufwand, ist aber für Serienmessungen sehr einfach in ihrer Handhabung und geht sehr schnell. Die Durchschlagsfestigkeit wird in kVeff/cm ausgedrückt. Wasser setzt die Durchschlagsfestigkeit stark herab. Vergleichbare Werte sind jedoch nur bei vollkommen gleicher Anordnung und somit gleicher Feldverteilung zu erzielen. Ferner ergeben sich Streuungen bei mehreren Messungen an der gleichen Probe des Öles, da mit zunehmender Zahl der Durchschläge die Durchschlagsfestigkeit ansteigt.

Für die Messung der Durchschlagsfestigkeit von Ölen gilt in Deutschland die Vorschrift vom VDE 0370/1936, Isolieröle. Die Durchschlagsfestigkeit soll für Öle zur Verwendung in gekapselten Kältemaschinen 180 kV/cm betragen, während einige Autoren nur mind. 125 kV/cm fordern.

In USA wird die Durchschlagsfestigkeit nach ASTMD 877−46 T mit Messingelektroden im Abstand von 5,08 mm gemessen. Die Messung erfolgt mit festem Elektrodenabstand durch Steigern der Spannung um 3000 V/sec bis zum Durchschlag. Nach Ross [3] soll die Durchschlagsfestigkeit von Kältemaschinenölen, nach einem bestimmten Verfahren gemessen, das nicht näher bezeichnet ist, mindestens 30 kV/ $^1/_{10}$ Zoll betragen. Nach den im Refrigerating Data Book [17] zusammengestellten Anforderungen sind Kältemaschinenöle, die 1 sec lang einer Spannung von 25 kV zwischen Elektroden mit 12,7 mm Radius im Abstand von 2,54 mm standhalten, als genügend wasserfrei anzusehen.

Während in der amerikanischen Vorschrift eine eindeutige Bestimmung für die Messung mit festem Elektrodenabstand gegeben ist, wird in der deutschen Vorschrift hierfür keine bestimmte Forderung gestellt.

Die Durchschlagsfestigkeit kann auf zwei Arten gemessen werden. Im einen Fall wird bei einer festen Hochspannung der Elektrodenabstand stetig verringert, im anderen Falle wird bei festem Elektrodenabstand die Spannung mit einer bestimmten Geschwindigkeit solange gesteigert, bis der Durchschlag eintritt. Bei der zuerst beschriebenen Anordnung braucht nur der leicht zu messende Elektrodenabstand bestimmt zu werden, während bei der zweiten Methode die Hochspannung gemessen werden muß.

BREDNER [20] hat gezeigt, daß die Durchschlagsfestigkeit eines Öles nur bei festem Elektrodenabstand eine Konstante ist, während sie mit abnehmender Schlagweite stark ansteigt. Bei Ölen mit geringer Durchschlagsfestigkeit ist die Abhängigkeit gering; sie kann aber bei Ölen mit mehr als 125 kV/cm zwischen 4 und 1 mm Elektrodenabstand scheinbar um 80 bis 100% ansteigen. So werden mit der Anordnung mit veränderlichem Elektrodenabstand Durchschlagspannungen bis zu 250 und 300 kV/cm an Ölen gemessen, die in Wirklichkeit nur 125 bis 180 kV/cm Durchschlagsfestigkeit haben. Abb. 6 zeigt die Abhängigkeit der Durchschlagsspannung vom Elektrodenabstand für ein gutes Weißöl nach Messungen von BREDNER. BREDNER empfiehlt aus diesem Grunde, Elektrodenabstände unter 2,5 mm zur Messung der Durchschlagsspannung nicht anzuwenden und mit den Meßergebnissen auch den angewendeten Elektrodenabstand anzugeben. Die Schwankungen der Einzelergebnisse sollen 10% nicht überschreiten.

Alle Gesetzmäßigkeiten der Abhängigkeit der Durchschlagsspannung vom Wassergehalt gelten nur für gelöstes Wasser. Wenn freies oder suspendiertes Wasser in den Ölen vorhanden ist, besteht keinerlei Gesetzmäßigkeit mehr, und die Messungen werden zwecklos. Sie können dann

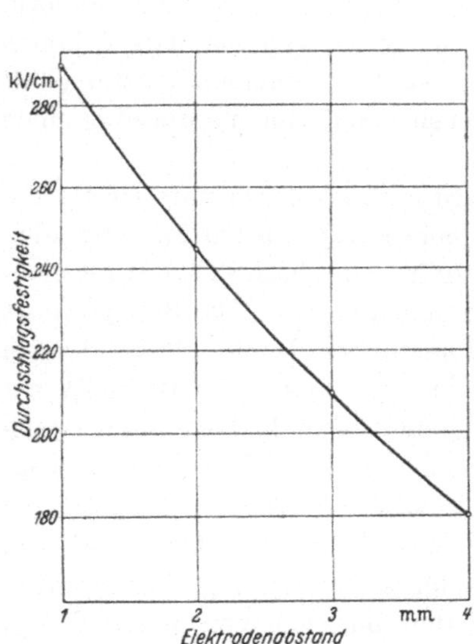

Abb. 6.
Abhängigkeit der Durchschlagsfestigkeit eines Öles vom Elektrodenabstand [20].

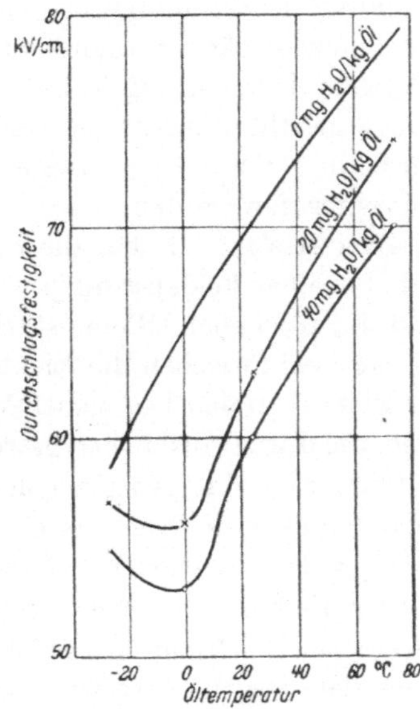

Abb. 7. Abhängigkeit der Durchschlagsfestigkeit eines Öles von der Temperatur und dem Wassergehalt.

lediglich noch als qualitatives Ergebnis gewertet werden, indem sie darauf hinweisen, daß das Öl zu viel Wasser enthält. Da die Löslichkeit von Wasser im Öl sehr gering ist, bleibt die Messung der Durchschlagsspannung als Maß für den Wassergehalt im allgemeinen auf Werte bis etwa 100 mg H_2O/kg Öl bei 25° C und auf etwa 200 bis 250 mg/kg bei 75° C beschränkt.

Bei allen Messungen der elektrischen Durchschlagsfestigkeit eines Öles als Maß für seinen Wassergehalt soll stets auch die Meßtemperatur angegeben werden, da eine Abhängigkeit der Durchschlagsfestigkeit von der Temperatur besteht, die aber für die einzelnen Öle sehr verschieden ist. Allgemein nimmt die Durchschlagsfestigkeit mit steigender Temperatur bei gleichem Wassergehalt zu. Es gibt jedoch Öle, die ein ausgesprochenes Minimum aufweisen. Diese Abhängigkeit vom Wassergehalt und von der Temperatur zeigt Abb. 7 für ein hochausraffiniertes Öl.

Nach Ross [3] sinkt die Durchschlagsfestigkeit eines getrockneten Öles mit 35 kV/$^1/_{10}$ Zoll infolge der Hygroskopizität nach mehrstündigem Stehen an feuchter Luft auf 10 kV/$^1/_{10}$ Zoll ab.

Die elektrische Durchschlagsfestigkeit der Öle wird nicht nur durch das Wasser, sondern auch durch mechanische Verunreinigungen, wie Fasern und Staub, gelöste Alterungsprodukte und kolloidalen Schlamm herabgesetzt. Fasern und Staub werden im elektrischen Hochspannungsfeld ausgerichtet und leiten den Durchschlag ein, vor allem, wenn gleichzeitig Feuchtigkeit vorhanden ist. Es hat sich gezeigt, daß die oft abnorm geringen Durchschlagsfestigkeiten nicht etwa von besonders hohen Wassergehalten herrühren, sondern daß sie bei normalem Wassergehalt durch die gleichzeitige Anwesenheit von suspendierten Verunreinigungen hervorgerufen werden.

ÖLSCHLAGER [21] hat diese Vorgänge mikroskopisch untersucht. Bereits bei einer Feldspannung von 6 kV/cm setzt, wenn Fasern vorhanden sind, im trockenen Öl eine starke Bewegung ein, da die Fasern ins elektrische Feld zwischen die Elektroden gezogen werden. Die Bewegung ist im Mikroskop deutlich sichtbar. Im Moment des Durchschlages, der bei Ölen, die durch Auskochen getrocknet sind, zwischen 140 und 160 kV/cm eintritt, wird das zwischen den Elektroden liegende Faserbündel auseinandergeblasen. Die entstehenden Gasblasen entweichen. Dann wandern die Fasern wieder zwischen die Elektroden. Ist das Öl feucht, so werden die Fasern leitend. Sie wandern ebenfalls ins elektrische Feld, und bereits bei 18 kV/cm beginnt unter knisterndem Geräusch ein Stromfluß längs der Fasern. Aus den Fasern werden Bläschen von Wasserdampf ausgetrieben. Sind die Fasern ausgetrocknet, so steigt die Durchschlagsspannung schnell an. Die Fasern durch Filtrieren zu beseitigen, ist kaum möglich.

Nach STERN [22] setzt im Öl gelöstes Wasser, entgegen der üblichen Auffassung, die elektrische Durchschlagsfestigkeit nicht herab, wenn mechanische Verunreinigungen vollständig ausgeschlossen werden. Das Wasser sei nur bei gleichzeitiger Anwesenheit von Fasern, die die Feuchtigkeit begierig aufsaugen, nachteilig. Die Fasern wandern, wie ÖLSCHLAGER gezeigt hat, ins elektrische Feld und führen den Durchschlag herbei. STERN schlägt aus diesem Grunde vor, in elektrischen Feldern unter Öl keine reinen Ölstrecken zu verwenden, sondern stets feste Isolierstoffe als Trennwände einzuschalten.

HÄHNEL [23] hat die Durchschlagsfestigkeit von Isolierölen in Abhängigkeit von der Frequenz ungedämpfter Schwingungen hoher Spannung untersucht. Er hat festgestellt, daß die Durchschlagsspannung eines

Öles bei Messung mit hochfrequenter Spannung von 165 kHz größer ist als bei der Messung mit 50 Hz, wenn der Elektrodenabstand klein ist. Der Elektrodenabstand, bei dem die hochfrequente Durchschlagsspannung denselben Wert hat wie bei 50 Hz, wird außerdem mit abnehmender Temperatur größer.

Mit der Bestimmung der Durchschlagsfestigkeit von Ölen kann man nach HOLDE [24] durch Alterung der Öle entstandene Veränderungen nicht erfassen. Auch VON DER HEYDEN und TYPKE [25] haben festgestellt, daß selbst stark gealterte Öle mit saurem Geruch und Säurezahlen bis 4,6 noch gute Durchschlagsfestigkeiten haben können. Dagegen können die durch Oxydation der Öle gebildeten Produkte, wie Säuren und durch Polymerisation von Säuren entstandener Schlamm sowie dabei abgespaltenes Wasser durch Messung der dielektrischen Verluste erfaßt werden. Die Feststellung gelingt bereits bei geringfügigen Veränderungen der chemischen und physikalischen Konstanten, die praktisch noch kaum Verschiedenheiten aufzuweisen brauchen. So zeigte ein Öl nach 500stündiger Erwärmung auf 100° C eine Zunahme des Verlustfaktors tg δ um 500%.

Bei Messungen des Verlustfaktors sind genaue Angaben über die angewendete Meßanordnung nötig, da die Ergebnisse stark frequenzabhängig sind und nur bei Messung mit gleicher Frequenz vergleichbar sind. Wegen der Messung des Verlustfaktors sei auf das Schrifttum verwiesen [26], da in diesem Rahmen auf Einzelheiten nicht näher eingegangen werden kann. Für wissenschaftliche Untersuchungen an Ölen ist die Bestimmung des Verlustfaktors zweifellos die exakteste Methode; sie ist aber für die Betriebsüberwachung zu empfindlich.

Eine weitere Möglichkeit zur Kontrolle des Wassergehaltes von Ölen besteht in der Messung des elektrischen Widerstandes. Apparativ ist diese Methode, ebenso wie die Bestimmung der Durchschlagsfestigkeit, mit dem Tera-Ohmmeter sehr bequem durchzuführen. Zwischen dem Wassergehalt und dem spezifischen Widerstand der Öle besteht unterhalb der Löslichkeitsgrenze eine recht brauchbare Beziehung. Z. B. entspricht in einem bestimmten Öl

der Wassergehalt von	einem spezifischen Widerstand von
5 mg H_2O/kg Öl	55 $\cdot 10^{14}$ Ohm $\cdot$ cm
10 ,, ,, ,,	24 $\cdot 10^{14}$,,
15 ,, ,, ,,	9,5 $\cdot 10^{14}$,,

Darüber hinaus wird die Kurve für Messungen bald zu flach. Nach CLARK [16] liegt bei einer Temperatur von 20° C die Löslichkeitsgrenze bei 25 mg H_2O/kg Öl und bei einer Temperatur von 100° C bei 75 mg/kg. Auch nur einigermaßen allgemeingültige Zusammenhänge zwischen der Löslichkeit von Wasser in Ölen und von der Öltemperatur lassen sich nicht aufstellen. Dies ist bei Betrachtung der nur als Beispiel angeführten Abb. 5 zu berücksichtigen. Wie bereits oben erwähnt, spielen zu viele Faktoren, insbesondere der Raffinationsgrad und mechanische Verunreinigungen, eine Rolle. Sicher ist, daß mit den üblichen Vakuum-Trockenverfahren für Öle, auf die in Abschnitt D I b näher eingegangen wird, eine Trocknung bis auf Werte, die wesentlich unter der Löslichkeitsgrenze liegen, nicht zu erreichen ist. Um diese Werte durch Widerstandsmessungen an den Ölen bestimmen zu können, muß man erhöhte Temperaturen anwenden [16].

Genau wie bei der Messung der elektrischen Durchschlagsfestigkeit und der Bestimmung des Verlustfaktors tg δ wird auch bei der Feststellung des spezifischen Widerstandes von Ölen der Einfluß von mechanischen Verunreinigungen, vor allem von Fasern, die sich im elektrostatischen Feld ausrichten und aneinanderreihen, mitbestimmt. Daraus ergibt sich, daß alle elektrischen Messungen an Ölen nicht ohne weiteres die Bestimmung des Wassers gestatten, sondern daß nur die Reinheit insgesamt und die Isolierfähigkeit der Öle bestimmt werden können. Diese Eigenschaften sind aber wichtige Faktoren für die Funktion von gekapselten Kältemaschinen.

2. **Chemische Wasserbestimmung.** Eine quantitative Bestimmung des Wassergehaltes in Mineralölen ist nur auf chemischem Wege möglich. Eine einfache qualitative Methode zur Feststellung von ungelöstem Wasser besteht in der Erhitzung des Öles auf über 100° C. Das verdampfende Wasser verursacht ein knisterndes Geräusch.

In klaren Ölen kann der Gehalt an gelöstem Wasser durch langsames Abkühlen und Feststellung des Trübungspunktes ermittelt werden. Diese Methode setzt die einmalige Aufnahme der Löslichkeit des Wassers in Abhängigkeit von der Temperatur in dem betreffenden Öl voraus. Sie ist für verschiedene Öle verschieden. Der Trübungspunkt durch Wasser gibt an, bei welcher Temperatur die Sättigung erreicht ist. Aus der Eichkurve kann der Wassergehalt abgelesen werden. Diese Arbeitsweise ist nur für solche Öle anwendbar, die entweder kein oder nur so wenig Paraffin enthalten, daß der Paraffintrübungspunkt mit Sicherheit tiefer liegt. Sie kommt deshalb im wesentlichen nur für naphthenbasische und synthetische Öle in Frage, die paraffinfrei sind. Die Wasserbestimmung durch Destillation mit Xylol nach DIN 53656 ist für Kältemaschinenöle nicht empfindlich genug. Sie ist nur für Wassergehalte über 0,1% anwendbar.

Zur Wasserbestimmung in Ölen gibt es in USA kein hochempfindliches ASTM- oder FSB-Verfahren. Für die Wasserbestimmung durch Destillation nach ASTM D 95—49 (F. S. B. Nr. 300. 1. 5) gilt das gleiche, wie für die deutsche Methode. Die Empfindlichkeit ist für die geringen, in Kältemaschinenölen zu bestimmenden Wassergehalte zu gering. Das gleiche gilt auch für das Zentrifugieren nach F. S. B. Nr. 300. 4. 2.

ESTORF und NAGEL [27] schlagen vor, das Wasser in Ölen durch Zersetzung mit Alkalimetall und durch volumetrische Messung des gebildeten Wasserstoffes zu bestimmen. Dazu wird das in Abb. 8 gezeigte Gerät verwendet. Das Gefäß wird mit einer gewogenen Menge Öl gefüllt; einige Stückchen Kalium oder Natrium in möglichst feiner Verteilung werden hineingetan, und das Gefäß wird mit dem Schliffstopfen verschlossen. Das überschüssige, durch den Stopfen verdrängte Öl kann durch ein seitlich hochgebogenes Rohr entweichen. Der Stopfen wird gesichert und das Gefäß dann so gestellt, daß der dünne, graduierte Teil nach oben steht. Das Wasser im Öl wird durch das Alkalimetall unter Bildung von Wasserstoff zerlegt, der sich in dem dünnen, auf $^1/_{10}$ cm^3 graduierten Teil sammelt und volumetrisch bestimmt werden kann. 1 cm^3 Wasserstoff bei 20° C und 1 ata entspricht 0,8 mg Wasser. Das Röhrchen kann entweder in cm^3 oder direkt in mg Wasser geeicht werden. Diese Methode soll es gestatten, kleinste Mengen Wasser im Öl bis herab zu wenigen mg/kg zu bestimmen. Zur Vermeidung der Bildung von Seifenkrusten auf dem Alkalimetall wird ein Zusatz von wasserfreiem Benzol oder Petroläther zum Öl empfohlen, der diese Krusten ablöst. Dadurch wird gleichzeitig die Zähigkeit des Öles herabgesetzt und die Reaktionsgeschwindigkeit erhöht. Diese außerordentlich einfache Methode ist in der beschrie-

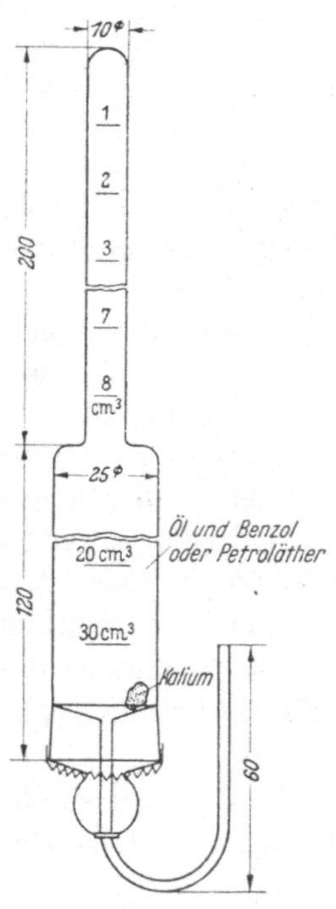

Abb. 8. Gerät zur Bestimmung von Wasser in Ölen durch Zersetzung von Alkalimetall [27].

benen Form nicht fehlerfrei, läßt sich aber leicht zu einer wirklich zuverlässigen Arbeitsweise umarbeiten. Vor allem muß der Eintritt von Luftfeuchtigkeit ausgeschlossen werden, die durch die Nute zum Druckausgleich leicht eintritt und das Ergebnis je nach der Länge der Versuchszeit erhöht.

Die von FISCHER [28] angegebene Methode zur Bestimmung von Wasser in flüssigem Schwefeldioxyd läßt sich auch für die Ermittlung des Wassergehaltes in Ölen anwenden. Zur Titration wird eine Lösung von Jod, Schwefeldioxyd und Pyridin in Methanol verwendet, die als FISCHER-Lösung bezeichnet wird. Die Einzelheiten der Herstellung dieser Lösung sind der zitierten Arbeit zu entnehmen. Die Lösung von Jod in Schwefeldioxyd reagiert mit Wasser unter Entfärbung nach der Formel

$$J_2 + SO_2 + 2H_2O \rightarrow H_2SO_4 + 2HJ.$$

Um den Wassergehalt einer Flüssigkeit zu bestimmen, läßt man die FISCHER-Lösung aus einer Bürette zufließen, wobei sich die Flüssigkeit zunächst gelb färbt. Am besten wird die Titration in einem ERLENMEYER-Kolben durchgeführt, jedoch soll möglichst wenig geschüttelt werden und die Bestimmung in etwa 2 Minuten beendet sein. Der Endpunkt der Titration ist erreicht, wenn ein deutlicher Umschlag von gelb nach braun eintritt. Die Färbung muß mindestens 15 Sekunden bestehen bleiben. Alle verwendeten Gefäße müssen vollkommen trocken sein. Am besten werden sie mit FISCHER-Lösung gespült. Die Titration von Wasser in Ölen mit der FISCHER-Lösung läßt sich direkt nur dann durchführen, wenn die Öle farblos sind, also nur an Weißölen. Bei allen, auch den schwach gefärbten Ölen, ist der Farbumschlag nicht erkennbar [29]. In diesen Fällen muß das Öl mit Methanol von bekanntem, möglichst geringem Wassergehalt nach Verdünnung mit der doppelten Menge Dekalin ausgeschüttelt werden. Aus der Wasserzunahme des geprüften Methanols ergibt sich der Wassergehalt der Ölprobe. Selbstverständlich darf das Öl bei Anwendung dieses Verfahrens keine im Methanol löslichen, färbenden Komponenten enthalten. Die als Kältemaschinenöle verwendeten, hochwertigen Raffinate enthalten normalerweise keine in Methanol löslichen Bestandteile, soweit sie keine künstlichen Farbzusätze haben. Die FISCHER-Methode ist nach einiger Übung sehr schnell und mit großer Sicherheit durchzuführen und wohl als die genaueste Methode zur Wasserbestimmung in Ölen anzusehen. Eine Bestimmung läßt sich mit allen Vorbereitungen ohne Schwierigkeiten in etwa 1 Stunde durchführen.

BOLLER [30] empfiehlt zur Bestimmung von Wassergehalten unter 100 mg/kg Öl folgende Arbeitsmethode:

Durch die gewogene Ölprobe wird 3 Stunden lang bei 130 bis 140° C ein fein verteilter Strom scharf getrockneten, indifferenten Gases, z. B. Stickstoff, geleitet. Das mit Wasser und Öldämpfen beladene Gas durchströmt nach Abb. 9 ein mit Kalziumkarbid (CaC_2) gefülltes Rohr. Der Wasserdampf wird vom Kalziumkarbid unter Bildung einer äquivalenten Menge Azetylens (C_2H_2) zurückgehalten. An das CaC_2-Rohr ist ein Absorptionsgefäß mit der als Reagens von ILOSVAY[1] bekannten, ammoniakalischen Kuprosalzlösung angeschlossen. Das Azetylen wird von der Lösung unter Bildung von unlöslichem Azetylenkupfer absorbiert, das dann durch Glühen in Kupferoxyd übergeführt und gewogen wird. 1 g Kupferoxyd (CuO) entspricht 0,2264 g Wasser. Der Reaktionsablauf bei der Bestimmung ist folgender:

---

[1] Reagens von ILOSVAY: 10 cm³ 10%ige $CuSO_4$-Lösung werden mit 4 cm³ konz. NH_4OH-Lösung und 3 g salzsaurem Hydroxylamin versetzt. Zum Schluß wird mit dest. H_2O auf 30 cm³ aufgefüllt.

$$2\,H_2O + CaC_2 \quad = Ca(OH)_2 + C_2H_2$$
$$C_2H_2 + 2\,Cu\,(1) = Cu_2C_2 \quad + H_2$$
$$Cu_2C_2 \text{ geglüht} \rightarrow 2\,CuO$$

Das CaC_2-Rohr wird vor dem Versuch einige Stunden auf 250 bis 260° C erhitzt, um das Azetylen restlos auszutreiben. Nach Abschluß des Versuches wird das CaC_2-Rohr wieder geheizt und dabei weiterhin Gas hindurchgeleitet, um das Azetylen restlos in das Absorptionsgefäß überzutreiben.

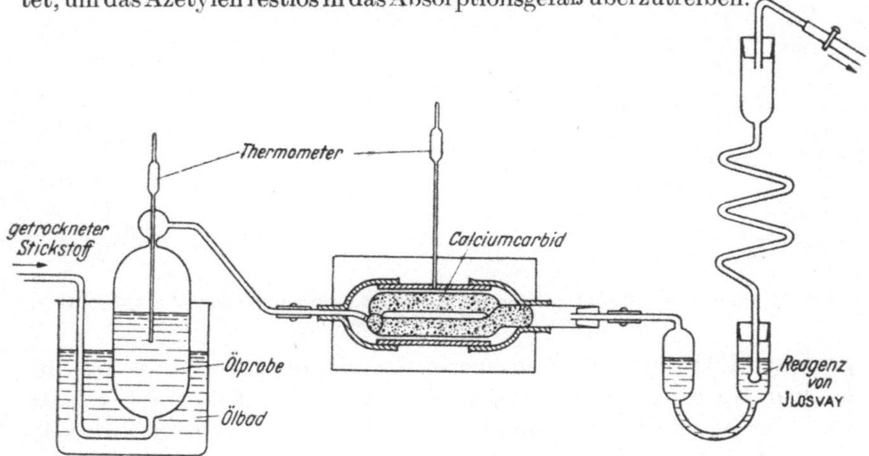

Abb. 9. Apparatur zur Bestimmung von Wasser in Ölen nach BOLLER [30].

Das Verfahren erscheint recht umständlich. Die Möglichkeit, das Wasser aus dem Gas direkt mit Phosphorpentoxyd (P_2O_5) zu absorbieren, scheitert leicht an dem in Dampfform mitgeführten Öl. SHAW und BRANDON [82] haben sich mit dieser vereinfachten Methode zur Bestimmung kleinster Mengen Wassers in Ölen befaßt. Abb. 10 und Abb. 11 zeigen die Zusammenstellung eines handlichen Gerätes zur Feuchtigkeitsbestimmung in Ölen von STEINLE nach der P_2O_5-Methode, das durch Auswechseln des Probengefäßes auch zur Wasserbestimmung in Kältemitteln verwendet werden kann. Für das Gerät werden bereits genormte oder handelsübliche Glasgeräte verwendet, die leicht ersetzt werden können.[1] Die Heizung erfolgt in einfacher Weise durch eine elektrische Glühlampe entsprechender Stärke, welche das Erreichen der vorgeschriebenen Temperatur von 60 ± 5° C gestattet. Die Temperatur, bei der das Wasser mit Stickstoff aus dem Öl ausgetrieben wird, wurde gegenüber BOLLER und SHAW und BRANDON herabgesetzt, um das Fortführen von Öl in Nebel- oder Dampfform zu verhindern.

Abb. 10 zeigt das Schema des Prüfgerätes. Sauerstoffarmer Stickstoff wird in einer Menge von 2—3 Blasen in der Sekunde in dem Phosphor-

---

[1] Das Gerät ist zu beziehen von Fa. Ströhlein u. Co., Fabrik chemischer Apparate, Düsseldorf.

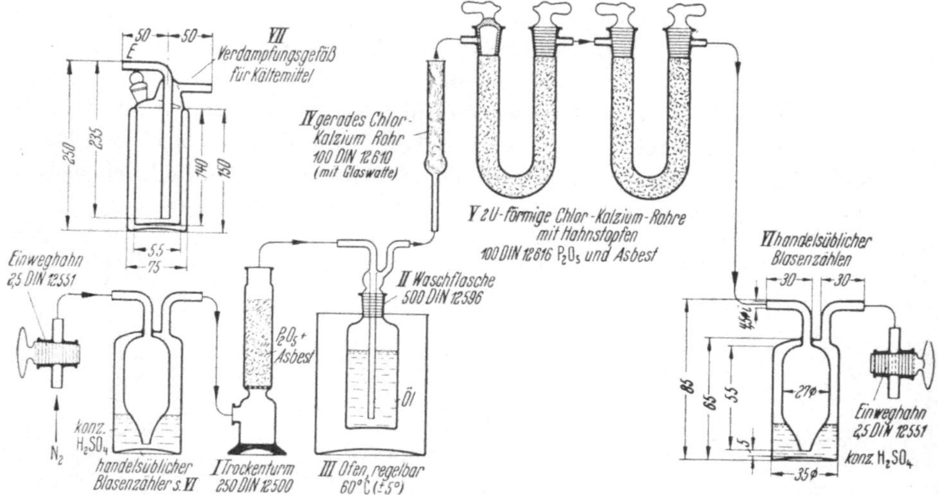

Abb. 10. Gerät zur Feuchtigkeitsbestimmung in Ölen und Kältemitteln nach der P₂O₅-Methode, Schemaskizze (STEINLE).

pentoxyd(P_2O_5)-Filter I getrocknet und durch die Ölprobe geleitet, die in einer Waschflasche II mit Hilfe des Ofens III auf $60 \pm 5°$ C geheizt wird. Das gerade Chlorcalziumrohr IV hält etwa mitgerissenes Öl zurück. In den U-Rohren V mit P_2O_5-Asbest-Füllung wird das Wasser aus dem Stickstoff gebunden. Der Stickstoff strömt durch den Blasenzähler VI mit konzentrierter Schwefelsäure (H_2SO_4) ab, der zugleich das Eindringen von Luftfeuchtigkeit verhindert.

Zur Bestimmung der Feuchtigkeit in Kältemitteln dient an Stelle der Waschflasche II das doppelwandige Verdampfungsgefäß VII. Darin wird das Kältemittel ohne Heizung beim normalen Siedepunkt verdampft. Erst wenn alles Kältemittel verdampft ist, wird das Verdampfungsgefäß auf $60 \pm 5°$ C geheizt, um das zurückgebliebene Wasser mit Stickstoff in die U-Rohre V überzutreiben.

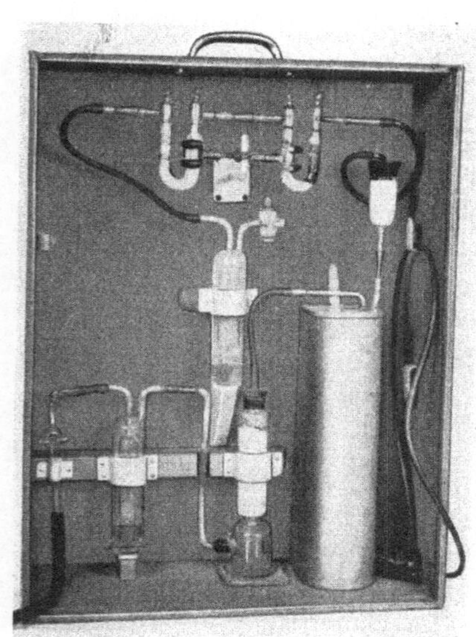

Abb. 11. Ansicht des Gerätes zur Feuchtigkeitsbestimmung in Ölen und in Kältemitteln (STEINLE).

Prüfverfahren.

A. Öle. Die Waschflasche II wird mit Alkohol gespült, offen bei

105° C ½ Stunde lang im Trockenschrank vorgetrocknet und durch Spülen mit Stickstoff in dem Prüfgerät von Feuchtigkeitsresten befreit. Mit einer Genauigkeit von ± 1 g werden in die Waschflasche II 200 g Öl eingewogen. Die U-Rohre V werden einzeln auf $^1/_{10}$ mg genau gewogen. Anschließend wird die Waschflasche II mit dem Öl in die Apparatur eingesetzt und der Stickstofffluß einreguliert. Bei dünnen Ölen mit Zähigkeiten bis etwa 20° E bei 20° C wird die Gewichtszunahme der U-Rohre nach 12 Stunden, bei zäheren Ölen nach 18 Stunden bestimmt und der Wassergehalt der Probe in Prozenten berechnet.

B. Kältemittel. In das wie unter A. vorgetrocknete Verdampfungsgefäß VII nach Abb. 10 werden unter Ausschluß der Luftfeuchtigkeit und nach Spülen der Anschlußleitungen mit Kältemittel 200 bis 300 g des Kältemittels mit einer Genauigkeit von ± 1 g unter Atmosphärendruck eingewogen. Das Kältemittel wird aus dem Vorratsbehälter oder aus der Druckflasche unter Expandieren am Behälterventil flüssig durch den Stutzen E eingeleitet. Dabei verdampft ein Teil des Kältemittels, und es stellt sich der normale Siedepunkt ein. Die U-Rohre V werden einzeln auf $^1/_{10}$ mg genau gewogen und das Verdampfungsgefäß mit dem Kältemittel in die Apparatur eingesetzt, in der vorher der Stickstofffluß einreguliert wurde. Das Kältemittel verdampft unter gleichzeitigem Durchleiten von Stickstoff langsam durch die U-Rohre V. Wenn alles Kältemittel verdampft ist, wird die Heizung eingeschaltet und noch 2 bis 3 Stunden lang Stickstoff durch das Verdampfungsgefäß und die U-Rohre geleitet, bis die U-Rohre keine Gewichtszunahme mehr zeigen. Aus der Gewichtszunahme der U-Rohre wird der Wassergehalt des Kältemittels in Prozenten oder in mg/kg Kältemittel berechnet. Das Verfahren ermöglicht die sichere Bestimmung von Wassergehalten unter 10 mg/kg Öl.

b) Trocknen der Öle.

Das Trocknen der Kältemaschinenöle erfordert, wie aus Abschnitt D I hervorgeht, größte Sorgfalt, wenn Störungen und Ausfälle der Kältemaschinen durch Wasser vermieden werden sollen. Die Zähflüssigkeit der Öle erschwert eine wirksame Trocknung außerordentlich, zumal eine sehr weitgehende Entwässerung verlangt werden muß.

Üblicherweise werden Öle mit Hilfe von Rahmen- oder Kammerfilterpressen getrocknet. Als Filter werden als erste und zweite Lage weiche, stark saugfähige Papiere, als letzte Lage hartes, nicht faserndes Papier verwendet. Die neuen Filterkartons werden 4 Stunden bei 110° C in dem betreffenden Öl getrocknet. Sie werden am besten unter Öl oder im Trockenschrank aufbewahrt.

Die Filterpressen werden meist mit Vakuumkesseln kombiniert, in die das Öl im Kreislauf durch eine Düse versprüht wird. Die Öle werden dann solange umgepumpt, bis ein genügender Trockengrad erzielt ist. In den

Filtern wird das Öl gleichzeitig von Schwebestoffen, vor allem Fasern und Staub, gereinigt. Bei dem ganzen Vorgang ist es zweckmäßig, das Öl mittelbar mit Dampf zu heizen, um Überhitzung zu verhüten. Beim Heizen dürfen folgende Temperaturen nicht überschritten werden:

Bei einem Druck von 76 cm Hg-Säule ..... 110° C
   ,,   ,,   ,,   ,, 66 ,,   ,, ... 107° C
   ,,   ,,   ,,   ,, 56 ,,   ,, ... 102° C
   ,,   ,,   ,,   ,, 46 ,,   ,, ... 97° C
   ,,   ,,   ,,   ,, 36 ,,   ,, ... 91° C
   ,,   ,,   ,,   ,, 26 ,,   ,, ... 82° C
   ,,   ,,   ,,   ,, 16 ,,   ,, ... 72° C
   ,,   ,,   ,,   ,, 6 ,,   ,, ... 60° C.

Beim Überschreiten dieser Temperaturen muß damit gerechnet werden, daß die niedrigsiedenden, dünneren Bestandteile aus den Ölen ausdampfen und die physikalischen Eigenschaften verändert werden. In den Vakuumkesseln werden zugleich im Öl gelöste Gase, vor allem Luft, entfernt. Öl vermag etwa 16 Vol.-% Luft zu lösen, so daß unbedingt für vollständige Entgasung zu sorgen ist. Der gelöste Sauerstoff der Luft führt zum schnellen Altern der Öle im Betrieb.

Da sich zwischen dem Wassergehalt im Öl und Papier ein Gleichgewichtszustand einstellt, kann das Öl nur bis zum Erreichen dieses Gleichgewichtszustandes getrocknet werden. Es gelingt deshalb nicht, mit Papierfiltern den Wassergehalt im Öl auf Null herabzudrücken. 1 g Papier nimmt nach CLARK [16] nicht mehr als 8 bis 10 mg Wasser auf. Auch durch Versprühen im Vakuum ist keine vollständige Trocknung zu erzielen. Ein Öl, das 70 mg H_2O/kg enthielt, hatte nach tagelangem Versprühen immer noch 46 mg Wasser/kg Öl. Dieser Wert liegt aber nach den Anforderungen der amerikanischen Kältemaschinenindustrie, die für gekapselte Kältemaschinen höchstens 30 mg H_2O/kg Öl zulassen, zu hoch.

Die General Electric Company [31] schlägt eine verbesserte Rahmenfilterpresse vor, bei der die Rahmen viel tiefer gehalten sind. Diese tieferen Rahmen ergeben Zwischenräume, die mit FULLER-Erde gefüllt werden. In der normalen 7-Zoll-Filterpresse ist genug Platz, um 3,8 l FULLER-Erde unterzubringen. Mit einer solchen Filterpresse mit FULLER-Erde, die mit der üblichen Sorte gut vorgetrockneter Filterkartons versehen war, kann nach Mitteilung der G. E. C. eine vollständige Trocknung der Öle erzielt werden. KIEMSTEDT [32] empfiehlt zum Trocknen des Öles Verrühren mit getrockneter Bleicherde.

In etwa 115 l Öl, das 116 mg Wasser im kg enthielt, konnte mit einem solchen Filter, dessen Erdefüllung bei 200° C frisch regeneriert war, der Wassergehalt in einmaligem Kreislauf auf 9 mg/kg und nach ½stündigem

Zirkulieren auf Null herabgesetzt werden. Im Kreislauf mit dieser in USA üblichen Filterpresse geht das Öl, wie oben beschrieben, durch einen Vakuumkessel, in dem es ebenfalls entwässert und vor allem entgast wird.

Nach Mitteilung der IG. Farbenindustrie AG. [33] läßt sich Silicagel mit Vorteil für die Trocknung von Ölen verwenden. Es sättigt sich zunächst vollkommen mit Öl. Da jedoch anorganische Verbindungen bevorzugt vor organischen adsorbiert werden, findet ein momentaner Austausch von Öl gegen Wasser statt, wenn Feuchtigkeit mit dem Öl mitgeführt wird. Silicagel nimmt bei Zimmertemperatur je nach den Bedingungen 10 bis 16% seines Gewichtes an Wasser aus der flüssigen Phase auf.

Kältemaschinenöle lassen sich mit Silicagel ohne Schwierigkeiten bis unter 30 mg H_2O/kg Öl trocknen.

II. Ölharzgehalt.

Unter Ölharzen sollen hier die Stoffe verstanden werden, die aus einer Lösung von Öl in Trichloräthylen an Bleicherde adsorbierbar sind und mit Benzol–Alkohol-Gemisch aus dieser herausgelöst werden können. In diesen Stoffen sind alle mit den Kältemitteln reaktionsfähigen Bestandteile der Mineralöle enthalten ([12]; näheres hierüber in Abschnitt F III). Zu berücksichtigen ist, daß es eine eindeutige Definition der Begriffe Harze, Asphalte, Asphaltene usw. nicht gibt, da der Umfang der erfaßten Stoffgruppe je nach der Wahl der zu ihrer Bestimmung verwendeten Fällungs- und Lösungsmittel verschieden ist. Die Bezeichnungsweise ist nicht einheitlich und überschneidet sich zudem. Das trifft in gleicher Weise für die im nächsten Abschnitt D III behandelten Hartasphalte zu. Maßgebend für die praktischen Zwecken dienenden Untersuchungs- und Bestimmungsmethoden bleibt immer die Verläßlichkeit, mit der aus den gewonnenen Daten auf die Verwendbarkeit in dem vorgesehenen Fall geschlossen werden kann.

An Bleicherde adsorbierbar sind wasserstoffärmere, hochmolekulare und vielfach zyklisch gebaute Stoffe, die meist Sauerstoff und Schwefel enthalten (Asphalte und Harze im engeren Sinne), sowie die polaren organischen Säuren und Seifen [6]. HOLDE [24] bezeichnet als Harze die neutralen Oxydationsprodukte, während die schwefelhaltigen Stoffe als Asphalte bezeichnet werden. Der S-Gehalt der insgesamt an Bleicherde adsorbierbaren und üblicherweise als Harze bezeichneten Stoffe geht bis zu 1,8%, der O-Gehalt bis zu 10%, und nimmt in den höheren Fraktionen ab. In hochausraffinierten Ölen kommen nur neutrale Harze vor. Sie haben tief schwarzrote Farbe und hohes Färbevermögen. Ihr Anteil bestimmt nach HOLDE und den neueren Messungen von STEINLE (Abschnitt C II) allein die natürliche Farbe der Öle.

Die benzinunlöslichen, hochschmelzenden und spröden Bestandteile der an Bleicherde adsorbierbaren Stoffe werden vielfach als Hartasphalt oder Asphaltene, die unter 100° C schmelzenden als Asphalt- oder Ölharze bezeichnet. Die wasserstoffarmen Karbene kommen nur in stark gealterten Ölen vor.

Beim Lagern der Öle nimmt der Harzgehalt etwas zu, vor allem, wenn die Öle dem Licht ausgesetzt sind. Alle Erdölraffinate enthalten jedoch von Hause aus kleine Mengen an Harzen, selbst in den wasserhellen Weißölen lassen sich noch kleinste Mengen feststellen. In vielen Raffinaten sind daneben noch sog. Harzbildner enthalten, die im Gleichgewicht zu den eigentlichen Harzen stehen. Wird dieses Gleichgewicht durch den Raffinationsprozeß gestört, so kann sich bei längerer Lagerung das Gleichgewicht unter Bildung von Ölharz langsam wieder einstellen. Diese erneute Harzbildung scheint durch den Schwefelgehalt begünstigt zu werden.

Es sei in diesem Zusammenhang nochmals ausdrücklich darauf hingewiesen, daß alle quantitativen Bestimmungsmethoden für Verunreinigungen in Ölen nur Konventionalmethoden sind, deren Ergebnisse untereinander nicht vergleichbar sind. Sie müssen also dem jeweiligen Verwendungszweck des Öles angepaßt werden.

Zur Bestimmung der Harze adsorbiert man diese Stoffe aus dem in einem geeigneten Lösungsmittel gelösten Öl an Bleicherde, filtriert ab, löst die Harze mit einem Lösungsmittel, vielfach Benzol—Alkohol-Gemisch oder Chloroform, aus der Bleicherde und trocknet und bestimmt ihre Menge durch Wägung. Das bekannteste auf diesem Prinzip aufgebaute Verfahren ist das zur Bestimmung des Gesamtharzes nach NOACK [*34, 35*]. Seiner Bedeutung wegen sei das Verfahren in seinen Einzelheiten hier wiedergegeben:

Man wiegt 10 g des zu untersuchenden Öles in einen 300 cm³ Kolben ein und gibt 100 cm³ Normalbenzin (Merck Nr. 1771) hinzu. Nachdem alles Öl gelöst ist, versetzt man mit 3 g Bleicherdegemisch[1], schüttelt etwa 3 Minuten gut durch, gibt weitere 3 g Bleicherde zu und schüttelt wieder durch. Nach Absitzen der Erde vergleicht man die Farbe der überstehenden Lösung mit der Vergleichslösung[2] in zwei Reagenzgläsern. Ist die Farbe noch dunkler als diese, so werden weitere 3 g Erdegemisch zugegeben und 3 Minuten geschüttelt. Ist der Farbton erreicht oder die Lösung farblos geworden, so läßt man noch 1 Stunde stehen und filtriert dann durch einen SCHOTT-Filtriertiegel G 4 ab. Der Filtrierrückstand wird mit 150 cm³ Normalbenzin ölfrei gewaschen, wobei man nach je etwa 50 cm³ trocken saugt, den Unterdruck ausgleicht und mit einem Spatel den Rückstand gründlich auflockert und verreibt.

---

[1] Bleicherdegemisch: 100 g Bleicherde Terrana spezial, 100 g Bleicherde Terrana extra und 100 g Terrana A Superior, 3 Stunden bei 150° C aktiviert.

[2] 20 mg Kaliumbichromat Merck Nr. 4864 in 1 l dest. Wasser gelöst.

Nach Wechseln der Vorlage werden die Harze aus dem Filterrückstand mit Benzol–Alkohol-Gemisch (1 Teil Benzol p. A. Merck Nr. 1783 mit 1 Teil Äthylalkohol chem. rein) herausgelöst, bis das Filtrat farblos geworden ist. Dann wird trocken gesaugt, der Druck ausgeglichen, der Rückstand mit dem Spatel aufgelockert, wieder bis zum Farbloswerden gewaschen und dies gegebenenfalls nochmals wiederholt.

Nach dem Abdampfen des Lösungsmittels aus dem Filtrat wird der Rückstand in einer kleinen Glasschale im Trockenschrank bei 105° C bis zur Gewichtskonstanz getrocknet, im Exsikkator abgekühlt und gewogen.

Außer dem Gehalt des Gesamtharzes in % wird dessen Farbe und Beschaffenheit (flüssig oder fest) angegeben.

HOLDE [24] beschreibt das folgende Verfahren zur Harzbestimmung, mit dem nur die sauren Bestandteile des Harzes erfaßt werden:

10 g des Öles werden in Benzin oder Äther gelöst und mit TWITCHELL-scher Lauge[1] ausgezogen. Die Lösung wird wiederholt mit Wasser geschüttelt, bis das Wasser farblos bleibt. Aus den vereinigten wäßrig-alkoholischen Auszügen werden kleine Reste Neutralöl mit wenig Äther extrahiert, der dann nochmals mit 5 cm³ Lauge gewaschen wird. Die Menge der mit verdünnter Salzsäure aus der alkalisch-wäßrigen Lösung abgeschiedenen Stoffe wird gewaschen, vom Lösungsmittel befreit, bei 110° C getrocknet und gewogen. Das Gewicht dieser Harzsäuren mit 1,07 multipliziert ergibt den Gehalt des Öles an Kolophonium.

Die Harze sind die chemisch instabilsten Stoffe in den Raffinaten und führen zu Reaktionen mit einigen Kältemitteln, die zum Zerfall des Ölkörpers führen. Darauf wird in Abschnitt F III näher eingegangen.

Nach SKALA [36] lenken die leicht oxydierbaren Harze im Öl den Sauerstoff auf sich und schützen dadurch das Öl selbst gegen Oxydation (vgl. Abschnitt F II b).

HOLDE stellt fest, daß das Harz aus harzreichen Ölen mit dem Paraffin ausflockt. Neuerdings teilen KRÖGER und HEDICKE [104] mit, daß Ölharz und Asphalte das Wachstum und die Kristallform des Paraffins wesentlich beeinflussen. Sie werden in das Kristallgitter eingebaut und können das Wachstum in einer Achsenrichtung beschleunigen, in einer anderen Richtung aber auch hemmen. Dadurch können Kristallformen von ganz verschiedenem Habitus entstehen. Deshalb werden harzreiche Öle vor dem Entparaffinieren vorraffiniert, um harzfreie Paraffine zu erhalten und die Paraffinkristallisation zu erleichtern.

Zu hoher Harzgehalt kann in Kältemaschinen zu Verharzungen und damit zum Verkleben von Lagern im Stillstand führen.

STEINLE [12] hat sich eingehend mit der Bestimmung und den Eigenschaften des Harzes in Kältemaschinenölen beschäftigt.

---

[1] TWITCHELLsche Lauge: je 10 g KOH und C_2H_5OH chem. rein in 100 cm³ dest. Wasser gelöst.

Nach dem Verfahren von NOACK (vgl. oben) zur Bestimmung des Gesamtharzes in Ölen wird das Harz nicht vollständig erfaßt, da die Bleichung bei Erreichen einer bestimmten Aufhellung, die der Farbe der Vergleichslösung entspricht — etwa Farbton 2 der Farbskala —, abgebrochen wird. Bei hochraffinierten Ölen mit geringem Gesamtharzgehalt ergeben sich schlecht reproduzierbare Werte. Die Ursache ist in subjektiven Fehlern beim Farbvergleich zu suchen. Dadurch werden verschiedene Mengen Bleicherde aufgewendet und das Gesamtharz verschieden weitgehend erfaßt.

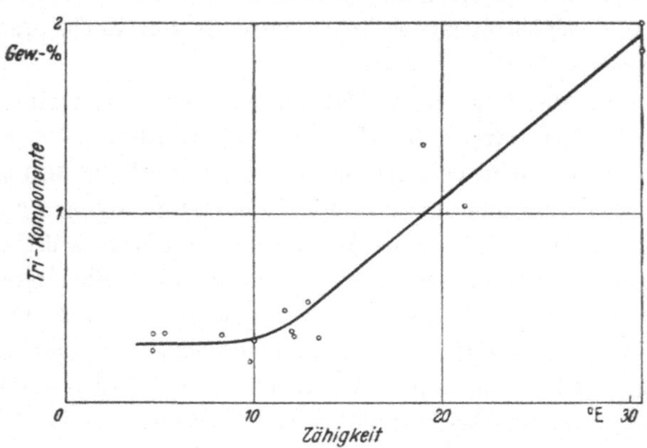

Abb. 12. Abhängigkeit des Gehaltes an Trikomponente des Gesamtharzes von der Zähigkeit der Öle [12]. Erläuterung des Begriffes „Trikomponente" im Text.

Das Verfahren läßt sich auch für kleine Harzgehalte reproduzierbar gestalten, wenn man die Entfärbung durch weiteren Zusatz von Bleicherde so weit führt, daß die Lösung bis zum Farbton heller als 1 der Farbskala, also vollständig entfärbt wird.

STEINLE hat gefunden, daß sich das Gesamtharz beim Herauslösen aus der Bleicherde in zwei Komponenten zerlegen läßt. Nach dem üblichen Lösen in Normalbenzin, Ausschütteln mit Bleicherdegemisch und Filtrieren, wird die Erde auf dem Filter mit Benzin vollkommen ölfrei gewaschen. Dann wird die Erde auf dem Filter solange mit siedendem Trichloräthylen extrahiert, bis das Filtrat farblos bleibt. Das Trichloräthylen wird abgedampft, der Rückstand wie üblich getrocknet und gewogen. Man erhält eine zähe Flüssigkeit von orangegelber Farbe. Sie wird als Trikomponente des Gesamtharzes bezeichnet. Auf die natürliche Farbe der Öle hat sie praktisch keinen Einfluß, dunkelt aber beim Stehen an der Luft sehr schnell durch Oxydation. Der in einem Öl bestimmte Gehalt an Trikomponente des Gesamtharzes ist konstant und läßt sich auch durch Zugabe weiterer Mengen Bleicherde nicht erhöhen. Dieser Höchstwert ist mit Sicherheit dann erreicht, wenn die Farbe der Lösung heller als 1 geworden ist. Über die chemische Natur dieser Trikomponente liegen noch keine Kenntnisse vor. Ihr Gehalt in den Ölen scheint lediglich von der Zähigkeit der Öle abhängig zu sein und steigt nach Abb. 12 linear mit der Zähigkeit an, während sich unterhalb 10° E in allen Ölen ein konstanter Wert von etwa 0,3 bis 0,4% ergibt.

Durch Extrahieren der bereits mit Trichloräthylen vorextrahierten Bleicherde läßt sich dann die zweite Komponente des Gesamtharzes erfassen, die schwarzbraun und asphaltartig und fest ist, ohne zu kleben. Sie wird entsprechend ihren Eigenschaften zum Unterschied vom Gesamtharz nach NOACK als Ölharz bezeichnet. Dieses Ölharz bestimmt ausschließlich die natürliche Farbe der Öle (Abb. 3).

Die je g Bleicherdegemisch adsorbierte Gesamtharzmenge ist für verschiedene Öle verschieden und steigt nach Abb. 13 mit zunehmender Zähigkeit des untersuchten Öles an, bis alles Gesamtharz adsorbiert ist. Diese Abhängigkeit von der Zähigkeit des Öles kann nur durch die Eigenschaften der Trikomponente des Gesamtharzes erklärt werden, deren Gehalt von der Zähigkeit der Öle abhängig ist.

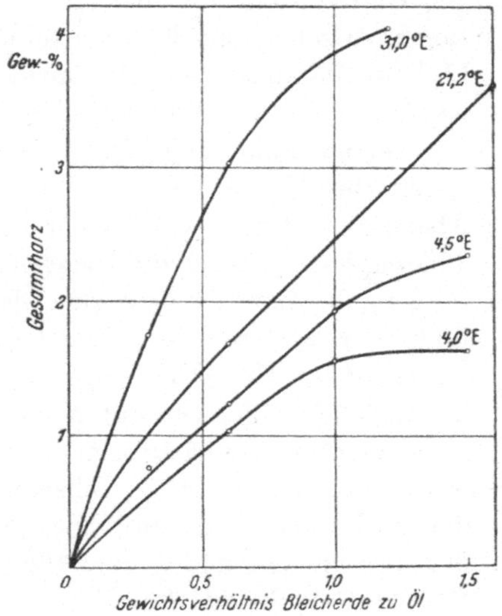

Abb. 13. Abhängigkeit des Gesamtharzgehaltes nach NOACK von der aufgewendeten Bleicherdemenge und der Zähigkeit [12].

Trägt man dagegen das adsorbierte Ölharz in % gegen die zum Entfärben aufgewendete Menge Bleicherde auf, so ergibt sich nach Abb. 14, daß unabhängig von der Zähigkeit des Öles alle Meßwerte durch eine Gerade wiedergegeben werden können. Damit ist die je g Bleicherdegemisch adsorbierte Menge Ölharz unabhängig vom Öl und dessen Eigenschaften die gleiche, und zwar 0,014 g. Ist alles Ölharz adsorbiert, so ergibt sich ein konstanter Wert, und jede weitere Zugabe von Bleicherde ist zwecklos.

Die Trikomponente des Gesamtharzes ist ohne Einfluß auf das Verhalten der Öle in Kältemaschinen, so daß auf ihre Mitbestimmung verzichtet werden kann. Das Ölharz löst mit eini-

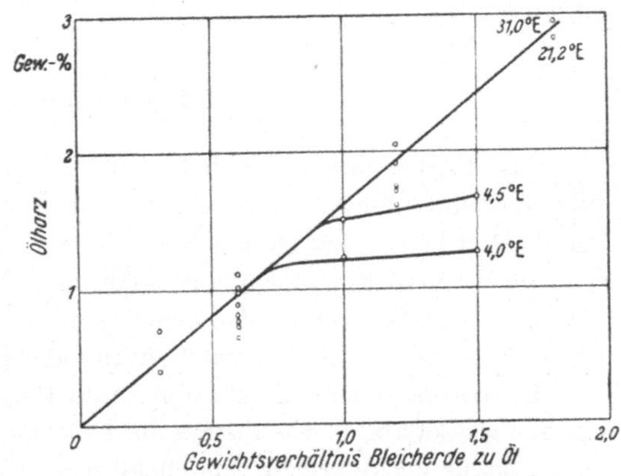

Abb. 14. Ölharzgehalt in Abhängigkeit von der aufgewendeten Bleicherdemenge [12].

gen Kältemitteln vor allem in den gekapselten Kältemaschinen Reaktionen zwischen dem Kältemittel und dem Öl aus und soll nach STEINLE [12] in Kältemaschinenölen nicht mehr als 1% betragen. Einzelheiten werden in Abschnitt F III behandelt.

Die Bestimmung des Ölharzes erfolgt nach einem Verfahren, das als erweitertes NOACK-Verfahren bezeichnet wird, da es nur eine geringe Abänderung des NOACK-Verfahrens darstellt, wodurch die Adsorption der Trikomponente durch die Bleicherde ausgeschlossen wird [12].

2,5 g des zu untersuchenden Öles werden in einen Kolben eingewogen und in 50 cm³ reinstem Trichloräthylen gelöst. Zu der Lösung wird Bleicherde im Überschuß zugegeben. Für Öle bis zum Farbton 3 genügen 5 g Erde. Da aber Öle mit mehr als 1% Ölharz für gekapselte Kältemaschinen nicht zulässig sind und dieser Ölharzgehalt etwa dem Farbton 3 entspricht (Abb. 3), scheiden Öle, die dunkler sind als Farbton 3 der Farbskala, überhaupt aus. Anschließend wird 3 Minuten kräftig durchgeschüttelt und nach 1stündigem Stehen durch einen Filtertiegel SCHOTT G 4 filtriert. Der Filtrierrückstand wird mit etwa 100 cm³ siedendem Trichloräthylen ölfrei gewaschen, wobei man nach je etwa 30 cm³ trocken saugt, den Unterdruck ausgleicht und den Filterrückstand verreibt. Nach Wechseln der Vorlage wird das Ölharz mit Benzol—Alkohol-Gemisch aus der Bleicherde extrahiert, bis das Filtrat farblos bleibt. Dabei wird wieder nach je etwa 30 cm³ trocken gesaugt, der Druck ausgeglichen und der Rückstand verrieben. Nach dem Abdampfen des Lösungsmittels aus dem Filtrat wird der Rückstand in einer kleinen Glasschale im Trockenschrank bei 105° C bis zur Gewichtskonstanz getrocknet, im Exsikkator abgekühlt und gewogen.

Der Gehalt des Öles an Ölharz wird in Gew.-% berechnet.

Dieses erweiterte NOACK-Verfahren liefert mit allen hochaktiven Erden an ein und demselben Öl Werte des Ölharzgehaltes, die innerhalb 10% übereinstimmen.

III. Hartasphalt.

Als Hartasphalt bezeichnet man nach DIN 53660 die Stoffe in einem Öl, die beim Lösen in Normalbenzin ausflocken und in Alkohol unlöslich sind. Man bezeichnet sie als Normal-Benzin-Unlösliches (NBU).

In USA wird Hartasphalt nach F. S. B. Nr. 311. 1. 1 als Normalbenzin- oder Chloroform-Unlösliches bzw. nach ASTM D 893—48 T (F. S. B. Nr. 312. 1. 1) als Normal-Pentan- oder Benzol-Unlösliches bestimmt.

Hartasphalte sind Oxydations- und Polymerisationsprodukte der Ölkohlenwasserstoffe. Sie dürfen in Kältemaschinenölen nicht enthalten sein, da sie zu klebrigen Ausscheidungen führen. Ihre Löslichkeit im Öl ist gering. In Schwefeldioxyd sind sie bei höheren Temperaturen gut löslich, werden aber daraus beim Abkühlen unter die Löslichkeitsgrenze ausgeschieden. Die Löslichkeitskurve verläuft steil, deshalb kann schon bei verhältnismäßig kleinen Gehalten beim Abkühlen in den Regelorganen Ausscheidung eintreten und zu Verstopfungen führen. Die chlorierten und fluorierten Kohlenwasserstoffe wirken, im Öl gelöst, als Fällungsmittel für Hartasphalt. Abb. 15 zeigt die Löslichkeit von Hartasphalt in Schwefeldioxyd, Frigen und in einem Frigen–Öl-Gemisch in Abhängigkeit von der Temperatur.

Hartasphalt ist in manchen Rohölen von Natur aus enthalten und wird durch die Raffination ohne Schwierigkeiten restlos entfernt. Hochwertige Raffinate, die allgemein als Kältemaschinenöle verwendet werden, enthalten kein Hartasphalt mehr. Dagegen ist zu berücksichtigen, daß sich bei der Alterung der Öle im Betrieb benzinunlösliche Stoffe bilden, vor allem

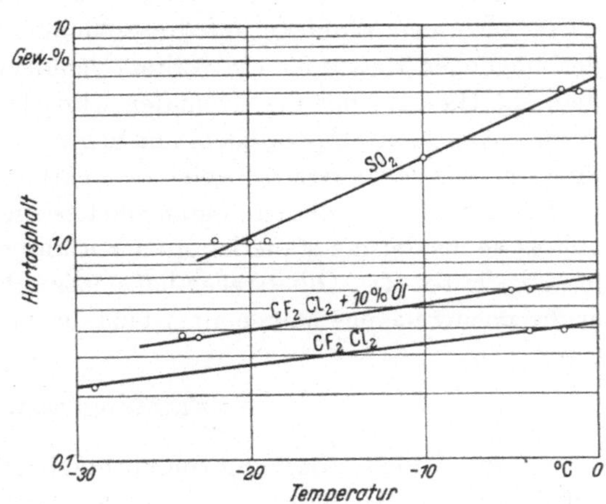

Abb. 15. Löslichkeit von Hartasphalt in Schwefeldioxyd, Frigen und Frigen mit 10% Öl in Abhängigkeit von der Temperatur (STEINLE).

an den heißen Stellen wie den Druckventilen der Kältemaschinen.

Quantitativ wird Hartasphalt nach DIN 53660 bestimmt. Für Kältemaschinenöle erübrigt sich die Bestimmung des Hartasphaltes, da ein Öl, das auch nur Spuren von Normal-Benzin-Unlöslichem enthält, für Kältemaschinen sofort ausscheidet. Die Deutsche Shell AG. [37] schlägt folgende einfache qualitative Methode vor (NBU-Prüfung):

1 cm³ des Öles wird mit 20 cm³ Normalbenzin gut durchmischt und 12 Stunden im Dunkeln aufbewahrt. Geringe Ausscheidung oder Trübung zeigt das Vorhandensein von Hartasphalt an. Das Öl ist als Kältemaschinenöl unbrauchbar.

Nach HOLDE lassen sich Asphalte auch aus der ätherischen Lösung der Öle mit Alkohol fällen [24].

IV. Aromatengehalt.

Aromaten dürfen in Kältemaschinenölen nicht vorhanden sein. Sie enthalten Kohlenstoffatome mit null bis drei Wasserstoffatomen und Doppelbindungen zwischen den Kohlenstoffatomen. Infolge dieser Doppelbindungen, die leicht gesprengt werden können, finden Anlagerungs-reaktionen unter Bildung von Stoffen mit grundlegend anderen Eigenschaften statt, die als Schmierstoffe ungeeignet sind [6]. In den gekapselten Kältemaschinen mit ihren hohen Betriebstemperaturen an den Wicklungen führen die Aromaten durch Reaktionen mit den Kältemitteln, vor allem mit Schwefeldioxyd, schnell zu Störungen. Die Aromaten haben infolge ihrer großen Haftfähigkeit an Metallen gute Schmiereigenschaften. Sie fördern die Ausbildung eines zusammenhängenden Ölfilmes. Diese günstigen Einflüsse auf die Schmiereigenschaften können wegen der möglichen Reaktionen in Kältemaschinenölen nicht ausgenützt werden. Die Hauptmenge der Aromaten wird bei der Raffination mit selektiven Lösungsmitteln, vor allem mit Schwefeldioxyd oder durch Behandlung mit konzentrierter Schwefelsäure entfernt.

Die Bestimmung des Aromatengehaltes eines Öles ist schwierig. Daher gibt es keine allgemein anerkannten Verfahren zur Feststellung des Aromatengehaltes. Der Ölhersteller hat gewisse Erfahrungswerte, an denen er die noch zulässige Menge an Aromaten im Öl beurteilen kann.

V. Paraffingehalt.

Paraffin ist eine Mischung von hochmolekularen, bei Zimmertemperatur festen Kohlenwasserstoffen der Methanreihe mit der allgemeinen Formel $C_n H_{2n+2}$.

Alle Erdölprodukte haben einen gewissen Gehalt an Paraffin, vor allem die paraffinbasischen, weniger die naphthenbasischen Öle. Aus den paraffinbasischen Ölen ist das Paraffin auch schwerer so weitgehend zu entfernen wie aus den naphthenbasischen Ölen.

Das Paraffin wird vom Öl nach dem Auskristallisieren in der Kälte mechanisch getrennt. Dieser Arbeitsgang wird erst nach der Destillation durchgeführt, weil es sich praktisch nur in den hochsiedenden Fraktionen vorfindet [38]. Das Paraffin geht bei der Destillation mit über. Da Paraffin ein hochwertiges Produkt ist, hat die Ölindustrie das größte Interesse daran, das Paraffin aus den Ölen so weitgehend zu entfernen, als es die Wirtschaftlichkeit der angewendeten Methoden gestattet. Das Auskristallisieren des Paraffins aus dem Öl kann durch geeignete Lösungsmittel, in denen das Öl gut, die festen Paraffine aber schwer löslich sind, noch gefördert werden. Zu berücksichtigen ist, daß bei den Fällungsmethoden durch Zusatz von Lösungsmitteln die Asphaltstoffe mit ausgeflockt werden [24]. Sie erschweren vielfach die Kristallisation. Deshalb ist diese Methode nur für asphaltfreie Öle anwendbar, da die durch Asphaltstoffe braun gefärbten Paraffine geringeren Wert haben als die rein weißen.

HEINZE und GOEBEL [39] und KRÖGER [99] haben die Löslichkeit von Paraffin und Ölen in verschiedenen Lösungsmitteln nach der Trübungspunktmethode eingehend untersucht. Das idealste Entparaffinierungsmittel müßte ein Stoff sein, der ein gutes Lösungsmittel für Öl ist, jedoch kein Paraffin löst. Selektives Fällen erfordert also, ebenso wie selektives Lösen bei der Raffination, möglichst große Löslichkeitsunterschiede der verschiedenen Komponenten im Fällungsmittel. Deshalb werden als Fällungsmittel für Paraffin meist Gemische aus zwei Stoffen gewählt, von denen jeder eine der gewünschten Eigenschaften besitzt. Die Menge und die Form des ausgefällten Paraffins sind nach Moos und Haas [40] abhängig

a) von der Fällungstemperatur und der Abkühlgeschwindigkeit,

b) von der Löslichkeit im Fällungsmittel und der Konzentration,

c) von dem Mengenverhältnis Öl zu Fällungsmittel und der Zähigkeit der Lösung.

Kröger [99] hat im Rahmen seiner Untersuchungen zum Ölaufbau die Gesetzmäßigkeiten der Löslichkeit von Paraffinen in den verschiedensten Gruppen von Lösungsmitteln untersucht und kommt zu folgenden Schlüssen:

1. log g Paraffin in 100 g Lösungsmittel gelöst, gegen die Temperatur t der Trübungspunkte dieser Lösungen aufgetragen, ergibt eine Gerade. Die Steigung dieser Geraden ist ein Maß für die Ausfällung von Paraffin aus der Lösung.

2. Die halogenierten Kohlenwasserstoffe — zu denen die Frigene gehören — ergeben Gerade mit der größten Steigung. Dann folgen die halogenierten Olefine, die halogenierten Aromaten, die Naphthene, Äther, Ketone und Esther in der Reihenfolge abnehmender Steigung. Die gesättigten und ungesättigten Alkohole, sowie die niederen Paraffine ergeben die geringste Steigung der Löslichkeitsgeraden in halblogarithmischer Darstellung.

Je größer die Abkühlungsgeschwindigkeit ist und je tiefer die Fällungstemperatur, um so feiner kristallin ist das ausgefällte Paraffin. Die niedrigere Konzentration und geringere Löslichkeit fördern die grobe Ausfällung. Ebenso fördern geringe Viskosität und starke Verdünnung des Öles durch Lösungsmittel die grobe Kristallisation des Paraffins.

Bei der Propan-Entparaffinierung wird Selbstkühlung durch das tiefsiedende Lösungsmittel angewendet [41]. Öl und Propan werden unter Druck gemischt. Dann wird durch Senken des Druckes und Expansion des Propans das Öl–Propan-Gemisch gekühlt und das Paraffin kristallisiert. Dabei bleibt genug Propan in Lösung, um das Öl dünnflüssig zu halten und das Filtrieren zu erleichtern. In den Kühlern wird die Temperatur mit einer Geschwindigkeit von 2 bis 7°/min gesenkt, um die Kristallisation zu kontrollieren und das Paraffin möglichst grob zu fällen. Erreicht die Temperatur -35 bis $-40°$ C, so gelangt das Öl mit dem ausgeschiedenen Paraffin in die Tanks, aus denen die Filter gespeist werden. Durch Anwendung des Gegenstromprinzips wird das Propan vorgekühlt. Kontinuierliches Arbeiten ist nicht möglich, da dann das Paraffin zu fein und schwer filtrierbar ausfällt.

Weiter werden zur Lösungsmittel-Entparaffinierung z. B. Azeton—Benzol-Gemisch und Methyläthylketon ($CH_3 \cdot CO \cdot C_2H_5$) benützt, die wesentlich geringere Löslichkeit für Paraffin haben als Propan. Kühlung bis $- 27°$ C ist in diesem Falle ausreichend, um gleich weitgehende Entparaffinierung zu erreichen wie mit Propan. Selbstkühlung ist allerdings mit diesen Lösungsmitteln nicht möglich, da ihre Siedepunkte zu hoch liegen [41].

Die Löslichkeit des Paraffins im Öl nimmt mit steigendem Schmelzpunkt des Paraffins ab, ebenso mit steigender Viskosität des Öles. Sie nimmt mit steigender Temperatur des Öles zu. SULLIVAN und Mitarbeiter [42] haben die Löslichkeit von Paraffin mit dem Schmelzpunkt 51,7° C in einem Öl der Zähigkeit 6,7° E bei 20° C aufgenommen. Sie ist in Abhängigkeit von der Öltemperatur in Abb. 16 wiedergegeben.

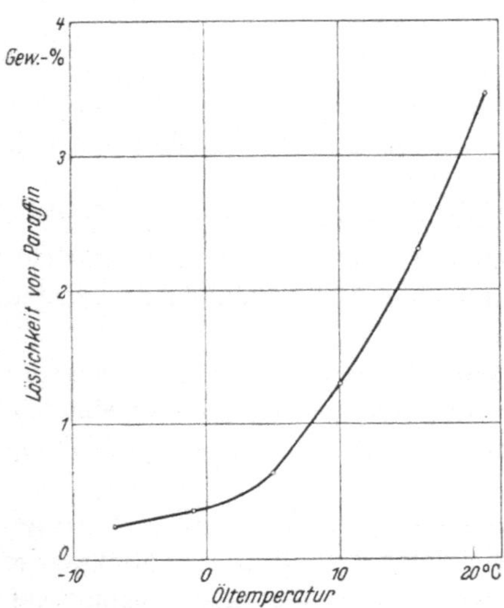

Abb. 16. Löslichkeit von Paraffin (Smp. 51,7° C) in Öl einer Zähigkeit von 6,7° E bei 20° C [42].

Paraffin in Kältemaschinenölen gefährdet die Funktion der Maschinen, in denen das Öl mit dem Kältemittel in direkter Berührung ist, in dem Augenblick, wo der Paraffingehalt so hoch ist, daß bei der herrschenden Betriebstemperatur die Löslichkeitsgrenze überschritten wird. Es scheidet sich auf der Verdampferseite bevorzugt in den empfindlichen Regelorganen der Kältemaschinen aus und kann zu Verstopfungen führen. In den Verdampfern führt der Paraffinfilz zu schlechtem Wärmeübergang zwischen verdampfendem Kältemittel und Metall. Bei der Ausscheidung des Paraffins in den Kältemaschinen spielen sich die gleichen Vorgänge ab, wie bei der Entparaffinierung. Es sind ebenso wie dort zwei grundsätzliche Formen der Ausscheidung zu unterscheiden:

a) Ausscheidung von Paraffin beim Abkühlen aus dem reinen Öl,

b) Ausscheidung aus dem Kältemittel—Öl-Gemisch wie bei der Lösungsmittel-Entparaffinierung.

Da das Paraffin nur an den kältesten Stellen des Kältemittelkreislaufes ausgeschieden wird, kann es nicht durch Filter in der Flüssigkeitsleitung zurückgehalten werden. Verstopfungen können durch Erwärmen der verstopften Teile und Wiederlösen des Paraffins beseitigt werden, treten aber immer wieder auf, da in den Kältemaschinen stets eine kleine Menge Öl mit dem Kältemittel umläuft. Diese Ölmenge beträgt erfahrungsgemäß bis höchstens 10% des umlaufenden Kältemittels, im allgemeinen aber weniger. Sie ist am größten beim Anlauf der Maschine nach dem Stillstand im Schaltbetrieb.

Der Übergang zu immer tieferen Betriebstemperaturen der Kältemaschinen und die Einführung der öllöslichen Kältemittel, die bei tiefen Temperaturen als Fällungsmittel für Paraffin wirken, brachten sowohl der Kältemaschinenindustrie als auch den Ölherstellern durch diese Ausscheidungen neue Probleme. Die Entparaffinierung der Öle mußte immer weiter getrieben werden, wenn nicht die Möglichkeit bestand, von vornherein paraffinarme naphthenbasische oder paraffinfreie synthetische Öle für die Kältemaschinen mit öllöslichen Kältemitteln zu verwenden [19]. Hinzu kamen bei den kleinen Kältemaschinen für Haushaltkühlschränke die kleinen Rohr- und Ventilquerschnitte, die gegen Verstopfungen empfindlicher sind. Das Paraffin scheidet sich zunächst auf den kalten Wandungen ab, wird durch den Kältemittelfluß losgerissen und verstopft Düsen, Kapillaren und feine Siebe schnell vollständig. WALKER

Abb. 17. Paraffinausscheidungen aus CH$_3$Cl-Kältemaschinen bei — 45,5° C [43].

und RINELLI [44, 45] haben diese Paraffinausscheidungen sehr eingehend untersucht, nachdem sie diese aus verstopften Maschinen gewonnen hatten. Abb. 17 zeigt solche Paraffinansammlungen aus verschiedenen Teilen des Kältemittelkreislaufes. Es handelt sich nach ihren Feststellungen um hochschmelzende Paraffine, die infolge ihres Ölgehaltes noch teigartig sind.

Aus diesen Gründen sind die Anforderungen an Kältemaschinenöle, vor allem an solche, die zusammen mit öllöslichen Kältemitteln verwendet werden sollen, bezüglich des Paraffingehaltes sehr hoch. Die angegebenen Höchstwerte richten sich nach den zu ihrer Bestimmung angewendeten Verfahren. Deshalb sollen die für die einzelnen Kältemittel zulässigen Grenzgehalte an Paraffin im Öl im Zusammenhang mit den Paraffinbestimmungsmethoden besprochen werden.

a) Trübungspunkt des Öles.

Die Temperatur, bei der im abkühlenden Öl die ersten Trübungen durch ausgeschiedenes Paraffin auftreten, wird als Trübungspunkt bezeichnet. BAADER [46] hat die Vorgänge im Öl beim Trübungspunkt und die Folgen der Paraffinausscheidungen auf die physikalischen Eigenschaften der Öle eingehend untersucht. Der Trübungspunkt und damit der Paraffingehalt sind von maßgebendem Einfluß auf die Kälteeigenschaften des Öles.

Oberhalb des Trübungspunktes besteht eine homogene Lösung von zwei Gruppen von Kohlenwasserstoffen. Die Paraffine mit einem festen Erstarrungspunkt werden beim Trübungspunkt fest, wenn ihr Gehalt die Löslichkeitsgrenze übersteigt. Die Ölkohlenwasserstoffe bleiben auch unterhalb des Trübungspunktes eine Flüssigkeit und ändern ihre Zähigkeit bis zum Stockpunkt stetig. Unterhalb des Trübungspunktes liegt also kein homogener Stoff mehr vor, sondern ein festes Kristallsystem, das in den noch flüssigen Ölkohlenwasserstoffen schwebt.

Der Trübungspunkt ist für alle Kältemaschinenöle von Bedeutung, die in Kleinkältemaschinen mit ölunlöslichen Kältemitteln benützt werden sollen, soweit nicht für eine vollständige Ölabscheidung hinter dem Verdichter gesorgt wird. Andernfalls gelangt das Öl mit dem umlaufenden Kältemittel an die kalte Expansionsstelle. Wird dort die Löslichkeitstemperatur für den betreffenden Paraffingehalt im Öl und damit der Trübungspunkt unterschritten, so scheidet sich das Paraffin aus dem Öl aus und kann zu Verstopfungen führen. Düsen sind die empfindlichsten Regelorgane, da in ihnen der Querschnitt am geringsten ist. Drosseln und Expansionsventile werden durch Paraffin, das aus dem reinen Öl bei Erreichen des Trübungspunktes ausgeschieden wird, nicht so leicht verstopft, da ihre Querschnitte im allgemeinen größer sind. Das im reinen Öl ausgeschiedene Paraffin ist sehr feinkörnig und kann diese größeren Durchgänge leichter passieren. Kommt zu dem Paraffin noch mechanischer Schmutz, so ist auch hier mit Verstopfungen zu rechnen, da das feinkörnige Paraffin sich mit den Schmutzteilchen zusammenballt. Großkälteanlagen mit Ammoniak und Kohlendioxyd als Kältemittel mit ihren weiten Ventilquerschnitten sind durch Paraffin nicht gefährdet.

Diese Betrachtungen gelten für alle ölunlöslichen oder begrenzt im Öl löslichen Kältemittel. Um Paraffinausscheidungen in Maschinen, die mit begrenzt öllöslichen oder ölunlöslichen Kältemitteln arbeiten, zu vermeiden, muß der Trübungspunkt der Öle unter der tiefsten Betriebstemperatur liegen. Ist das Paraffin in einer solchen Maschine erst einmal ausgeschieden, so kann es nur durch Erwärmen über seinen Schmelzpunkt wieder in Lösung gebracht werden. In den ölunlöslichen Kältemitteln CO_2 und NH_3 ist auch das Paraffin unlöslich, in SO_2 nur in sehr geringem Maße. STEINLE [47] hat die Löslichkeit von Paraffin im SO_2 in Abhängigkeit von der Temperatur durch Bestimmung des Ausscheidungspunktes aufgenommen. Sie beträgt nach Abb. 18 im reinen SO_2 bei $-20°$ C nur etwa 0,01%, bei 0° C etwa 0,05%. Für SO_2-Kältemaschinen, deren tiefste Betriebstemperaturen selten unter $-20°$ C liegen, soll der Trübungspunkt der Öle unter $-25°$ C liegen.

Aus langjährigen Erfahrungen hat sich ergeben, daß für SO_2-Kleinkältemaschinen mit Düsen bzw. Expansions- oder Schwimmerventilen Öle mit Paraffingehalten bis 0,5% zulässig sind, ohne daß Verstopfungen befürchtet werden müssen. Öle mit 0,5 bis 1% Paraffin führen stets zu Verstopfungen der Düsen [47].

BAADER [46] beschreibt eine Methode zur Bestimmung des Trübungspunktes von Ölen. Das zu prüfende Öl, das in 30 mm Schichtdicke klar durchsichtig sein muß, wird in ein weites Glas von 30 mm Durchmesser mit mehreren Verengungen am unteren, zugeschmolzenen Ende eingefüllt. Man senkt die Temperatur mit einer Geschwindigkeit von 2°/min, wobei Bad- und Probenthermometer keinen größeren Unterschied als 1° aufweisen dürfen. Von 5° zu 5°, gemessen am Thermometer in der Ölprobe, prüft man auf eingetretene Trübung. Dazu hält man das Prüfrohr zusammen mit einem Testrohr mit dem gleichen, aber warmen Öl, bei seitlichem Lichteinfall kurze Zeit gegen einen dunklen Hintergrund. Ist der Trübungspunkt deutlich erreicht, so läßt man die Temperatur wieder steigen, bis das Öl klar geworden ist. Hierauf senkt man die Temperatur wieder, arbeitet aber jetzt mit einer Temperaturänderung von nur 0,5°/min und einer Temperaturdifferenz von nur 0,1° zwischen innerem und äußerem Thermometer. Außerdem prüft man jetzt in Abständen von ½°. Durch Wiederholung der letzten Arbeitsweise ergibt sich der Trübungspunkt eindeutig.

In USA wird der Trübungspunkt in gleicher Weise nach ASTM D 97—47 (F. S. B. Nr. 20. 1. 7) bestimmt.

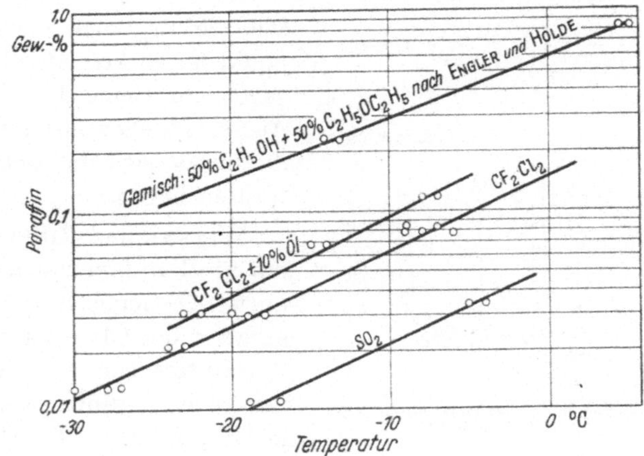

Abb. 18. Löslichkeit von Paraffin (Smp. 52° C) in verschiedenen Lösungsmitteln in Abhängigkeit von der Temperatur [47].

b) Trübungspunkt mit öllöslichen Kältemitteln, Flock-Test.

Die öllöslichen Kältemittel wirken wie die Lösungsmittel bei der Entparaffinierung durch Löslichkeitsminderung als Fällungsmittel für Kohlenwasserstoffe höheren Erstarrungspunktes in Ölen. Zu diesen öllöslichen Kältemitteln gehören vor allem die Kohlenwasserstoffe und ihre chlorierten und fluorierten Derivate, z. B. Äthan, Propan, Methylchlorid, Methylenchlorid, Frigen und die große Gruppe der Freone. Im Gemisch mit diesen Kältemitteln tritt der Trübungspunkt bereits bei Temperaturen auf, die wesentlich über dem Trübungspunkt des reinen Öles liegen.

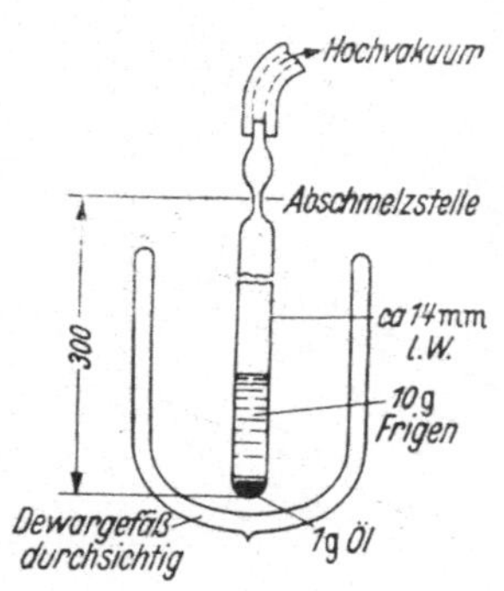

Abb. 19. Versuchsanordnung zum Flock-Test [47].

Öle, die im reinen Zustand bis zum Stockpunkt herab kein Paraffin ausscheiden, ergeben im Gemisch mit den Kältemitteln Ausscheidungen bereits bei Temperaturen, die im Bereich der tiefsten Betriebstemperaturen liegen.

WALKER und RINELLI [43, 44, 45] haben die für Paraffinausscheidungen aus Kältemittel—Öl-Gemischen maßgebenden Eigenschaften der Öle erforscht. Sie wenden für ihre Untersuchungen die in Abb. 19 wiedergegebene Anordnung an. Das Verfahren wird in USA als Flock-Test bezeichnet:

In ein Hartglasrohr von 12 bis 14 mm lichter Weite und etwa 300 mm Länge mit Verengung zum Abschmelzen, das ½ Stunde bei 110° C im Trockenschrank vorgetrocknet ist, wird 1 g des zu untersuchenden Öles eingefüllt. Dann wird am Hochvakuum ½ Stunde lang unter Erwärmen im Wasserbad auf 100° C abgesaugt und schließlich unter Kühlung mit Trockeneis 10 g Frigen eindestilliert. Das Rohr wird abgeschmolzen. Nach gründlichem Durchmischen von Öl und Kältemittel bei Zimmertemperatur wird das Rohr im Kältebad mit einer Abkühlgeschwindigkeit von 2 bis 3°/min abgekühlt, bis die ersten Ausscheidungen von Paraffin durch Trübung bzw. Flockenbildung sichtbar werden. Der Versuch ist mit der gleichen Probe dreimal hintereinander zu wiederholen.

Diese Bestimmungsmethode für die Flocktemperatur bzw. den Kältemittel-Trübungspunkt der Öle hat sich zur Kontrolle der genügenden Paraffinfreiheit der Öle, die mit öllöslichen Kältemitteln verwendet werden sollen, bewährt und sollte stets durchgeführt werden. Die Versuche werden mit 10% Öl durchgeführt, da, wie bereits mitgeteilt, der Gehalt des Öles im umlaufenden Kältemittel erfahrungsgemäß nicht mehr als 10% beträgt [43, 44, 47].

Die Flock- oder Trübungstemperatur einer Lösung von 1 g Öl in 10 g Kältemittel muß unter der tiefsten Betriebstemperatur der betreffenden

Kältemaschine liegen, wenn Ausscheidungen und Verstopfungen in der Kältemaschine mit Sicherheit vermieden werden sollen. Nach STEINLE [47] soll die Flocktemperatur der Öle zur Verwendung mit Frigen in Kleinkältemaschinen unter −30° C liegen. In USA wird heute für Kältemaschinenöle, die zusammen mit öllöslichen Kältemitteln arbeiten sollen, allgemein eine Flocktemperatur, die unter −45° C liegt, gefordert [7]. Viele der handelsüblichen Kältemaschinenöle bleiben aber im Gemisch mit den Kältemitteln selbst bis −73° C klar [7, 9, 45, 48]. Bei Ölen zur

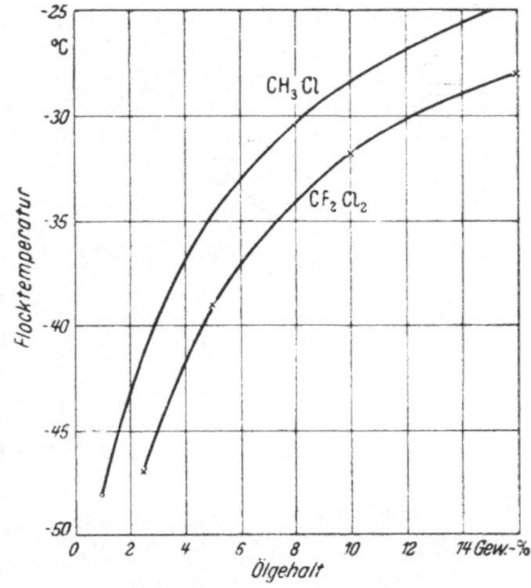

Abb. 20. Abhängigkeit der Flock-Temperatur vom Ölgehalt in Methylchlorid [44] und Frigen [47].

Verwendung mit Freonen wird der Flock-Test in USA als die wichtigste Prüfung angesehen [7, 48].

WALKER und RINELLI haben eine starke Abhängigkeit der Flocktemperatur vom Ölgehalt im Kältemittel festgestellt. Abb. 20 zeigt diese Abhängigkeit vom Ölgehalt im Frigen nach STEINLE [47] und im Methyl-chlorid nach WALKER und RINELLI [43, 44]. Mit zunehmendem Ölgehalt steigt die Flocktemperatur stark an. Der Paraffingehalt des mit Frigen untersuchten Öles beträgt etwa 1%; für das zu den Untersuchungen mit Methylchlorid verwendete Öl ist der Paraffingehalt nicht angegeben.

Ferner besteht nach WALKER und RINELLI eine Abhängigkeit der Ausscheidungstemperatur von der Viskosität der Öle bei gleichem Ölgehalt im Kältemittel. Nach Abb. 21 scheiden Öle mit höherer Zähigkeit das Paraffin bereits bei höheren Temperaturen aus, als Öle geringerer Zähigkeit. Ob diese Öle gleichen Paraffingehalt haben, wird in der zitierten Arbeit nicht mitgeteilt. Dieser Einfluß der Zähigkeit be-

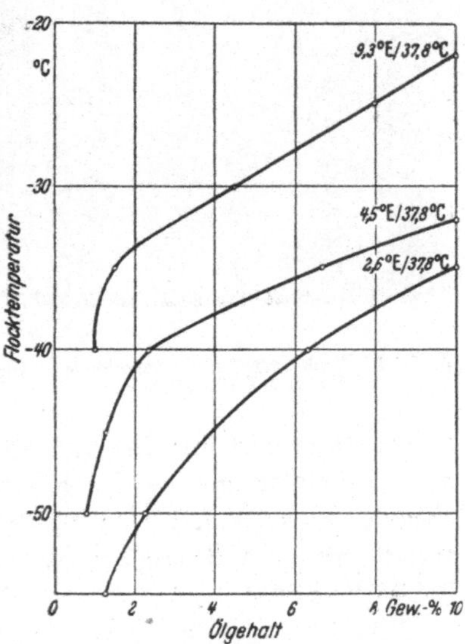

Abb. 21. Flock-Temperatur in Abhängigkeit vom Ölgehalt im Methylchlorid-Öl-Gemisch für Öle verschiedener Viskosität [43].

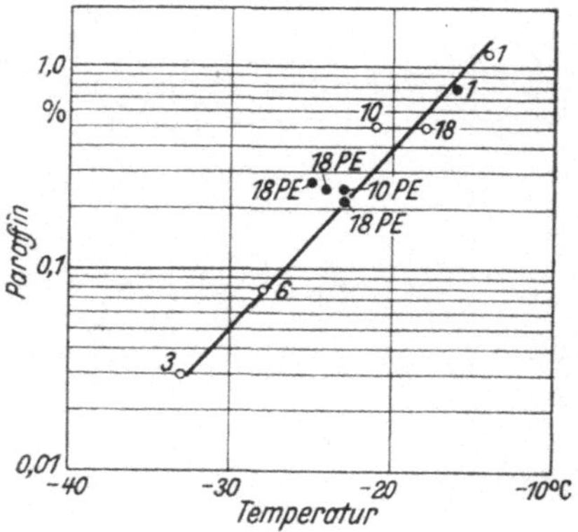

Abb. 22. Abhängigkeit der Flock-Temperatur aus Frigen mit 10% Öl vom Paraffingehalt in Ölen mit 20 bis 30° E bei 20° C [47]. PE = Öle mit Zusatz von Paraflow-Extra.

deutet, daß es zweckmäßig ist, die Zähigkeit des Öles keinesfalls höher zu wählen, als aus schmiertechnischen Gründen erforderlich ist.

STEINLE [47] hat die Abhängigkeit der Flocktemperatur vom Paraffingehalt der Öle mit Frigen aufgenommen. Unter der Annahme, daß der höchste Ölgehalt im umlaufenden Kältemittel 10% beträgt und die oberste Grenze der Zähigkeit der mit Frigen für Haushaltkältemaschinen verwendeten Öle um 30° E bei 20° C liegt, ergibt sich nach Abb. 22 ein höchstzulässiger Paraffingehalt von 0,05%. Ein Öl mit diesem Paraffingehalt wird bei Betriebstemperaturen bis herab zu $-30°$ C keine Ausscheidungen ergeben. Abb. 23 zeigt die Paraffinausscheidungen aus den Proben der Öle nach Abb. 22 bei $-30°$ C. Die Grenze der Ausscheidungen zwischen 0,03 und 0,08% Paraffin im Öl ist deutlich sichtbar.

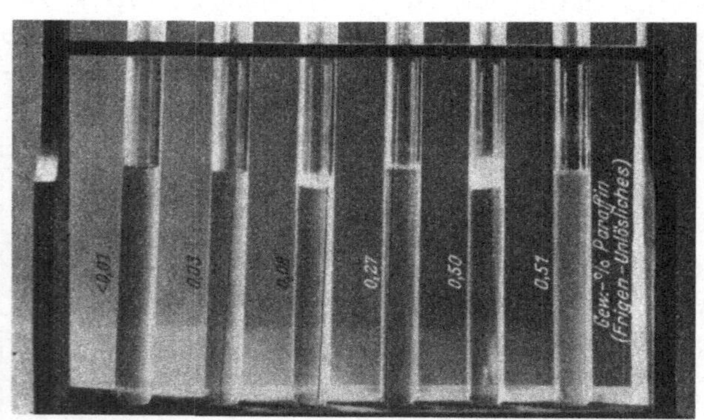

Abb. 23. Flock-Test-Proben verschiedener Öle mit steigendem Gehalt an Frigen-Unlöslichem bei $-30°$ C (STEINLE).

Aus den Messungen von STEINLE, Abb. 18, geht hervor, daß die Löslichkeit von Paraffin in Frigen und in Frigen mit 10% Öl nur wenig verschieden ist. Am geringsten ist die Löslichkeit für Paraffin im reinen Schwefeldioxyd.

Freon—22 wirkt wie alle Kohlenwasserstoffe und ihre Derivate als Fällungsmittel für Paraffin aus Ölen. Die Löslichkeitsminderung ist noch wesentlich stärker, als sie oben mit Frigen beschrieben wurde. Der Trübungspunkt eines Öles von $-52°$ C steigt mit 99% Freon—22 auf $-10°$C und mit 90% Freon—22 auf $+14°$ C an [62].

Freon—22 und Öl haben nach THOMPSON [62] bei tiefen Temperaturen eine Mischungslücke (vgl. Abschnitt F I b), so daß auf der kalten Saugseite der Kältemaschinen, im Verdampfer, zwei Schichten entstehen, von denen die ölreiche auf der an Freon—22 reichen Schicht schwimmt. Entsprechend ihrer verschiedenen Zusammensetzung hat jede der beiden Schichten ihre eigene Flocktemperatur [98]. Die Trennung der beiden Phasen erfolgt, je nach der Betriebstemperatur, schon im Regelorgan. Angaben über die Höhe des zulässigen Paraffingehaltes sind nicht bekannt. Die Flocktemperatur beider Phasen muß in der Kältemaschine aber unter der tiefsten Verdampfungstemperatur liegen, wenn Ausscheidungen und Verstopfungen der Regelorgane vermieden werden sollen.

Mit Rücksicht auf die tiefe Verdampfertemperatur und die große Gefahr der Paraffinausscheidungen in Maschinen mit Freon—22 empfiehlt Thompson für Kältemaschinen mit Freon—22 die Verwendung eines Ölabscheiders zwischen Verdichter und Verflüssiger.

In Kältemaschinen mit den öllöslichen Kältemitteln scheidet sich das Paraffin dann aus, wenn bei der Betriebstemperatur und der herrschenden Ölkonzentration der Paraffingehalt die Löslichkeit übersteigt. Das Ausflocken erfolgt innerhalb einer Zeit von einigen Stunden bis zu wenigen Tagen. Das ausgeschiedene Paraffin ist weiß bis gelb und schmilzt bei höherer als Raumtemperatur. Es enthält fast immer noch kleine Mengen Öl, die es nicht hart, sondern pastenartig erscheinen lassen. Die Verstopfungen in Kältemaschinen durch Paraffin erkennt man dadurch, daß sie erst bei Temperaturen über 30° C durch Schmelzen zu beseitigen sind, während Verstopfungen durch Eis beim Erwärmen bis wenig über 0° C beseitigt werden können.

In Deutschland standen vor allem in den Nachkriegsjahren nur paraffinbasische Öle zur Verfügung, die zudem infolge Fehlens geeigneter Anlagen nicht genügend entparaffiniert werden konnten. Wenn Öle mit höheren Paraffingehalten für öllösliche Kältemittel verwendet werden müssen, lassen sich die unbedingt zu Störungen führenden Paraffinausscheidungen nur durch gute Ölabscheider hinter dem Verdichter vermeiden, die den Ölumlauf in den Kältemaschinen weitgehend unterbinden. Nach Walker und Rinelli [45] sind Expansionsventile, die eine Vorexpansion bzw. eine Verdampfung im Ventil gestatten, in Kältemaschinen mit öllöslichen Kältemitteln zu verwerfen, da sie besonders empfindlich gegen Paraffinausscheidungen sind.

In USA werden nach Brewer [49] und Ross [7, 48] Öle für Kältemaschinen allgemein bei Temperaturen entparaffiniert, die unter den tiefsten in den Kältemaschinen auftretenden Betriebstemperaturen liegen. Auf die Verwendbarkeit der tiefsiedenden fluorierten und chlorierten Kohlenwasserstoffe zur Entparaffinierung kältebeständiger Öle wird von Bray und Bahlke [50] hingewiesen. Diese Kältemittel, z. B. Frigen, würden infolge ihrer außerordentlich geringen Löslichkeit für Paraffin eine weitgehende Entparaffinierung unter Ausnützung der Selbstkühlung wie bei Propan gestatten.

c) Bestimmung des Paraffins in Kältemaschinenölen.

Alle Verfahren zur Bestimmung des Paraffins in Ölen sind Konventionalmethoden und ihre Ergebnisse untereinander nicht vergleichbar. Sie beruhen ebenso wie die Entparaffinierung auf der Schwerlöslichkeit des Paraffins in geeigneten Lösungsmitteln für Öle bei tiefen Temperaturen. Die Ergebnisse sind in erster Linie von der Löslichkeit des Paraffins im Fällungsmittel und von der bei der Fällung angewendeten Temperatur abhängig. Wegen dieser Abhängigkeiten muß die Methode zur Paraffinbestimmung in Ölen je nach dem Verwendungszweck sorgfältig ausgewählt werden und den Bedingungen im praktischen Betrieb möglichst weitgehend angepaßt werden.

Das in Deutschland gebräuchlichste Verfahren zur Paraffinbestimmung in Ölen ist das nach ENGLER und HOLDE mit einem Alkohol—Äther-Gemisch bei $-20°$ C [24]. 5 g Öl werden in einem Gemisch aus gleichen Volumenteilen absoluten Alkoholes und Äthyläthers bei Zimmertemperatur gelöst und dann unter langsamer Abkühlung gerade mit so viel dieses Gemisches versetzt, daß alles Öl gelöst ist und nur Paraffinflocken sichtbar sind. Stark paraffinhaltige Öle werden zunächst, evtl. unter Erwärmen, in reinem Äther gelöst und dann mit dem gleichen Volumen Alkohol versetzt. Das Paraffin wird auf einem durch Viehsalz und Eis auf $-20°$ C gekühlten Trichter von der ätherisch-alkoholischen Öllösung durch Filtration unter schwachem Saugen getrennt. Von etwa noch anhaftendem Öl wird das Paraffin durch Waschen mit entsprechend gekühltem Gemisch befreit, bis 5 g des Filtrats nach dem Abdampfen auf dem Wasserbad beim Erkalten nicht mehr flüssigen, sondern paraffinartigen Rückstand ergeben. Zu langes Waschen ist wegen der immerhin merklichen Löslichkeit des Paraffins im Fällungsgemisch zu vermeiden. Dann wird das gesamte Filtrat nochmals eingedampft, in einer geringen Menge Alkohol—Äther-Gemisch (1 : 1) gelöst, auf $-20°$ C abgekühlt und etwa noch ausfallendes Paraffin abfiltriert und ausgewaschen. Die vereinigten Paraffinniederschläge werden mit heißem Benzol in ein gewogenes Kölbchen gespült. Erweist sich der nach vorsichtigem Abdampfen des Lösungsmittels auf dem Wasserbade erhaltene Rückstand als Hartparaffin, so wird er im Trockenschrank ¼ Stunde auf 105° C erhitzt und nach dem Erkalten gewogen. Weiches, unter 45°C schmelzendes Paraffin wird zweckmäßig nur bei etwa 50° C im Vakuumexsikkator einige Stunden bis zur Gewichtskonstanz getrocknet.

Mit Rücksicht auf die partielle Löslichkeit des Paraffins im Alkohol—Äther-Gemisch sind nach HOLDE zu den Paraffingehalten 0,2% bei leichten Ölen und 0,4% bei zäheren Ölen zu addieren.

Schon aus dem angegebenen Korrekturwert ergibt sich die geringe Empfindlichkeit der Methode. STEINLE [47] stellte fest, daß Paraffingehalte unter 0,1% mit dem Gemisch nach ENGLER und HOLDE nicht erfaßt werden können. Damit scheidet diese Methode zur Bestimmung des Paraffins in Ölen für Kältemaschinen mit öllöslichen Kältemitteln aus, da Gehalte unter 0,1% bestimmt werden müssen. STEINLE benützt das Frigen selbst unter Ausnützung der Selbstkühlung zur Bestimmung des Paraffins in Ölen.

In einem enghalsigen ERLENMEYER-Kolben von 200 cm³ Inhalt werden 10 g des zu untersuchenden Öles eingewogen. Dann werden unter Schütteln 100 g Frigen von − 29,8° C, also unter Normaldruck, beim Siedepunkt aus einem offenen Gefäß langsam zugegeben, so daß sich alles Öl löst. Eine besondere Kühlung ist nicht erforderlich, da der normale Siedepunkt des Frigens solange erhalten bleibt, als ein wesentlicher Überschuß an Frigen vorhanden ist. Die Siedepunktserhöhung durch die Beimischung von 10% Öl zum Frigen ist nur unbedeutend. Sie beträgt etwa 2°, so daß die Ausfällung bei etwa − 28° C vor sich geht. Durch leichtes Sieden des Frigens infolge Wärmeeinstrahlung bleibt die Temperatur als Siedepunkt der Mischung konstant. Man läßt dann 3 bis 5 Minuten stehen, damit die Ausscheidungen sich zusammenballen und die Flocken bzw. Kristalle größer und besser filtrierbar werden. Zum Abfiltrieren dient ein SCHOTT-Filter G 3 an der Wasserstrahlpumpe unter leichtem Saugen. Besonders bewährt hat sich ein großflächiges Filter mit angeschmolzenem Vorstoß. Die Filtertiegel zum Einsetzen in einen getrennten Vorstoß sind ungeeignet, da sich an der Unterkante Öl ausscheidet und evtl. stockt, so daß es nur schwer wieder weggelöst werden kann. Der Druck beim Absaugen soll nicht unter 200 Torr liegen, da bei zu niedrigem Druck das Öl in der Filterplatte stocken kann, wenn das Frigen durch starkes Verdampfen die Fritte zu tief kühlt.

Das Filter wird zunächst durch Aufgießen von 5 bis 10 cm³ kaltem Frigen vorgekühlt, um Aufschäumen des Frigen−Öl-Gemisches beim Aufgießen zu verhindern. Ehe alles Frigen durch das Filter gesaugt ist, wird das Frigen−Öl-Gemisch laufend aufgegossen, ohne dazwischen trocken zu saugen, um Kondensation von Wasserdampf auf dem kalten Filter zu vermeiden. Andernfalls verstopft sich das Filter leicht. Ehe das Filter trocken ist, wird zweimal mit je 50 bis 100 g kaltem Frigen gespült, um den in Frigen unlöslichen Niederschlag ölfrei zu waschen. Schließlich wird trocken gesaugt. Das Paraffin wird dann mit dreimal je 10 bis 15 cm³ siedendem, reinstem Trichloräthylen gelöst und direkt in ein gewogenes Abdampfschälchen gefiltert. Nach dem Abdampfen des Lösungsmittels auf dem Wasserbad wird ½ Stunde bei 105° C im Trockenschrank getrocknet und nach Erkalten im Exsikkator gewogen. Das Frigen-Unlösliche wird in % berechnet. Die ganze Bestimmung dauert etwa 2 Stunden.

Das Verfahren wird als Frigen-Methode bezeichnet, die Ausscheidungen als Frigen-Unlösliches, da neben dem Paraffin auch Teile des

Ölharzes mit ausgefällt werden, die das Paraffin gelb bis braun färben. Diese Harzanteile fallen auch im Flock-Test mit aus und gefährden die Kältemaschine ebenso wie das eigentliche Paraffin (s. Abschnitt D II).

Die Frigen-Methode stimmt mit den ungünstigsten Betriebsbedingungen in den Kleinkältemaschinen überein und garantiert, wenn der Gehalt an Frigen-Unlöslichem z. B. für Frigen-Maschinen 0,05% nicht übersteigt, genügende Paraffinfreiheit. Dieser Anforderung genügende Öle zeigen im Flock-Test bis − 30° C keine Trübung mehr.

Das Verfahren kann statt mit Frigen mit jedem vollkommen öllöslichen Kältemittel durchgeführt werden, wobei nur darauf zu achten ist, daß die Bestimmungstemperatur unter der tiefsten Betriebstemperatur der Kältemaschinen liegen muß, für die das Öl vorgesehen ist.

Da nach Abb. 18 die Löslichkeit von Paraffin in Frigen + 10% Öl nur etwa ein Viertel der Löslichkeit in dem Alkohol−Äther-Gemisch nach HOLDE beträgt, ist die Frigen-Methode wesentlich empfindlicher als die Bestimmung nach HOLDE. Die Grenze der Erfaßbarkeit des Frigen-Unlöslichen liegt bei 0,02 %. Die Bestimmung mit Methylchlorid ist etwa gleich empfindlich, da die Löslichkeit von Paraffin in Methylchlorid praktisch gleich der in Frigen ist. Sie beträgt nach WALKER und RINELLI [44] bei − 23° C 0,04% Paraffin vom Schmelzpunkt 53° C gegenüber etwa 0,03% im Frigen nach Abb. 18.

Einige Zahlenbeispiele mögen die Unterschiede der Ergebnisse nach verschiedenen Verfahren veranschaulichen [47].

Tabelle 1.

Paraffinbestimmung in Ölen nach verschiedenen Verfahren.

Lösungsmittel	Alkohol−Äther-Gemisch nach ENGLER und HOLDE		Frigen
	bei − 20° C	bei − 30° C	bei − 30° C
ermittelte Paraffingehalte in Gew.-%	< 0,1		0,02 ; 0,03
	< 0,1		0,07 ; 0,08
	< 0,1		0,54 ; 0,58
	< 0,1		0,67
	0,2	0,35	0,85
	0,7		0,92 ; 0,98
	0,7		1,00 ; 1,08

Die Frigen-Methode zur Bestimmung des Paraffingehaltes und der Flock-Test zur Ermittlung des Frigen-Trübungspunktes stellen eine Doppelbestimmung mit dem gleichen Ergebnis dar. Je nach der Einrichtung des untersuchenden Laboratoriums kann die rein analytische Frigen-Methode oder der Flock-Test angewendet werden.

Nach ROSS [3, 7, 48] wird in USA die Bestimmung von Paraffin in Kältemaschinenölen mit Methyläthylketon durchgeführt. Das Arbeitsverfahren ist das gleiche wie mit dem Alkohol–Äther-Gemisch nach ENGLER und HOLDE und wird auch von HOLDE [24] beschrieben.

Früher wurde die Bestimmung bei − 23° C durchgeführt und für die meisten Kältemaschinen als ausreichend angesehen, da diese Temperatur unter der tiefsten Betriebstemperatur der Methylchlorid-Maschinen lag. Heute wird die Bestimmung bei − 37° C durchgeführt, nachdem festgestellt wurde, daß zwischen − 23 und − 37° C noch erhebliche Mengen Paraffin ausgeschieden werden und sich der Wert bei − 37° C dem Ergebnis im Flock-Test besser anschließt [48]. Für Tiefkühlmaschinenöle wird die Bestimmung bei Temperaturen bis zu − 70° C durchgeführt, und es gibt in USA handelsübliche Öle für Betriebstemperaturen bis zu −85° C. Die Herstellung derartig tiefstockender Öle ist in erster Linie eine Frage der Entparaffinierung. Für solche Spezialöle werden nur naphthenbasische Öle verwendet, die von vornherein niedrigeren Stockpunkt und Paraffingehalt haben als die paraffinbasischen.

d) Stockpunktserniedriger (Paraflow) in Kältemaschinenölen.

In USA und auch in Deutschland wurde versucht, die Kristallisation von Paraffin in Ölen durch Paraflow zu unterdrücken, als erkannt wurde, daß für Kältemaschinen mit öllöslichen Kältemitteln Öle mit abnorm niederen Paraffingehalten verwendet werden müssen. Paraflow ist ein Aluminiumchloridkondensat, das aus chlorierten Paraffinen und einer kleineren Menge chloriertem Naphthalin nach AP 1815022 der Standard Oil of New Jersey hergestellt wird. Es unterdrückt im Öl das Kristallwachstum des Paraffins beim Abkühlen und wirkt somit als Stockpunktserniedriger [24], indem die Ausbildung eines Kristallgitters und das Auftreten der Strukturviskosität (vgl. Abschnitt E III) verhindert wird. Die Erniedrigung des Stockpunktes des reinen Öles kann nach der Literatur bis zu 20° betragen. Es ist üblich, den Ölen etwa 0,15% Paraflow bzw. 0,05% Paraflow-Extra zuzusetzen. Dichte und Viskosität des Öles werden dabei nicht verändert. Nach KRÖGER und HEDICKE [100] läßt sich der echte, durch Viskositätserhöhung bedingte Stockpunkt durch Stockpunktserniedriger nicht beeinflussen. Sie stellen auch fest, daß die Stockpunktserniedriger oberhalb einer bestimmten Paraffinkonzentration vollkommen unwirksam werden.

In USA wird heute Paraflow in Kältemaschinenölen abgelehnt, nachdem sich gezeigt hat, daß alle Zusatzstoffe die chemische und thermische Stabilität der Öle in Kältemaschinen verringern und der Einfluß auf die Ausscheidung von Paraffin aus Kältemaschinenölen gering ist [3, 45, 51]. Auch STEINBACH [13] empfiehlt größte Vorsicht in der Verwendung von Stockpunktserniedrigern in Kältemaschinenölen, zumal die Erniedrigung meist nur wenige Grad beträgt, andererseits aber schädliche Einflüsse nicht ausgeschlossen sind.

STEINLE [52] hat den Einfluß von Paraflow auf die SO_2-Beständigkeit im Philipp-Test (Abschnitt F III a) und die Flocktemperatur mit Frigen im Flock-Test untersucht. Die Verschlechterung der SO_2-Beständigkeit eines Weißöles in Abhängigkeit vom Gehalt an Paraflow bzw. Paraflow-Extra ist nach Abb. 24 deutlich feststellbar. Aus diesem Grunde ist der Zusatz von Paraflow zu SO_2-Kältemaschinenölen unzulässig, da jede Verringerung der Stabilität des Systems Schwefeldioxyd—Öl vermieden werden muß. Auch die Korrosion von Metallen im Druckrohr-Test (Ab-

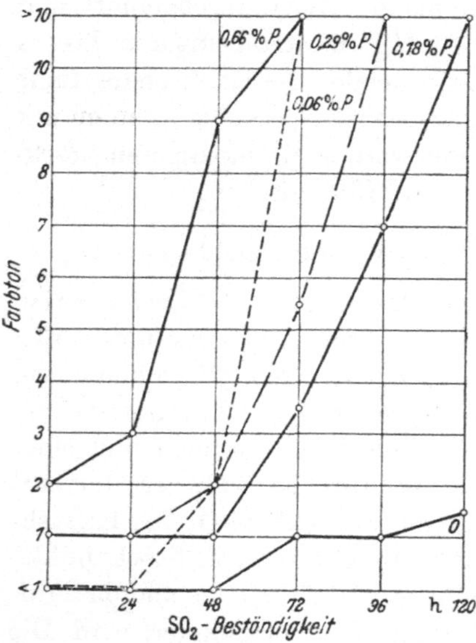

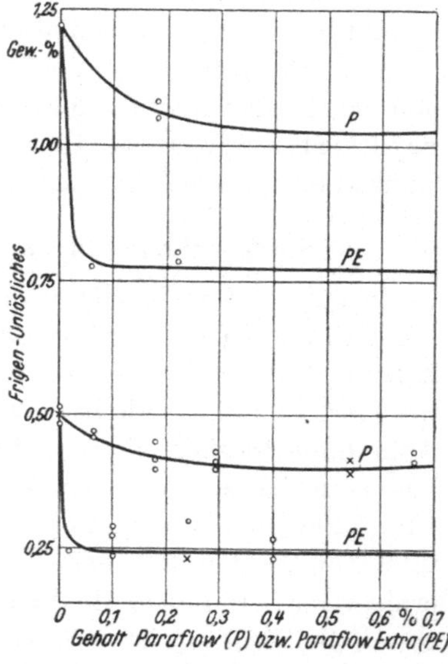

Abb. 24. Farbänderung und SO₂-Beständigkeit von Weißöl abhängig vom Paraflowgehalt (% P) [52].

Abb. 25. Frigen-Unlösliches in Ölen in Abhängigkeit vom Gehalt an Paraflow (P) und Paraflow-Extra (PE) im Öl [52].

schnitt G II) wird etwas erhöht. Der Einfluß von Paraflow auf das Auskristallisieren des Frigen-Unlöslichen aus dem Frigen—Öl-Gemisch im Flock-Test ist gering. Mit Paraflow-Extra ist der Einfluß etwas stärker. Die Flocktemperatur wird nach Abb. 22 um etwa 5° gesenkt, was nach Abb. 25 eine Verminderung des bei der Bestimmung nach der Frigen-Methode ausgeflockten Frigen-Unlöslichen um etwa 50% bedeutet. Die Zusammenballung des Frigen-Unlöslichen wird durch Paraflow-Extra vermieden. Die Wirkung ist aber so gering, daß die Verwendung von Paraflow-Extra in Ölen für Frigen-Kältemaschinen unzweckmäßig ist, zumal die Gefahr chemischer Angriffe durch Paraflow besteht. Die chemische und thermische Stabilität von Paraflow und Paraflow-Extra ist geringer als die der Ölkohlenwasserstoffe.

VI. Schwefelgehalt.

Der Schwefel ist in verschiedener Bindungsart in den Rohölen enthalten. Die deutschen Rohöle enthalten bis zu 1,3% Schwefel. Einzelheiten sind dem Abschnitt B I zu entnehmen. Über die Entschwefelung wurde in Abschnitt B II berichtet.

Eine Vorprüfung auf Schwefel in Ölen kann nach HOLDE [24] in der Weise durchgeführt werden, daß ein blank poliertes Kupferblech von der Größe $76 \times 13 \times 0,8$ mm mit 100 cm³ Öl in einem mit durchbohrtem Korken verschlossenen Glasgefäß 5 Stunden auf 95 bis 110° C erhitzt wird. MUSGRAVE [2] prüft die Öle auf korrodierenden Schwefel, indem er Öl und einen Streifen hochpolierten Kupfers 3 Stunden auf 100° C erwärmt. Das Kupfer muß vollkommen blank und ohne Farbänderung bleiben. Bei Gegenwart von korrodierendem Schwefel verfärbt sich das Kupferblech. Zur genaueren Feststellung, ob der Belag

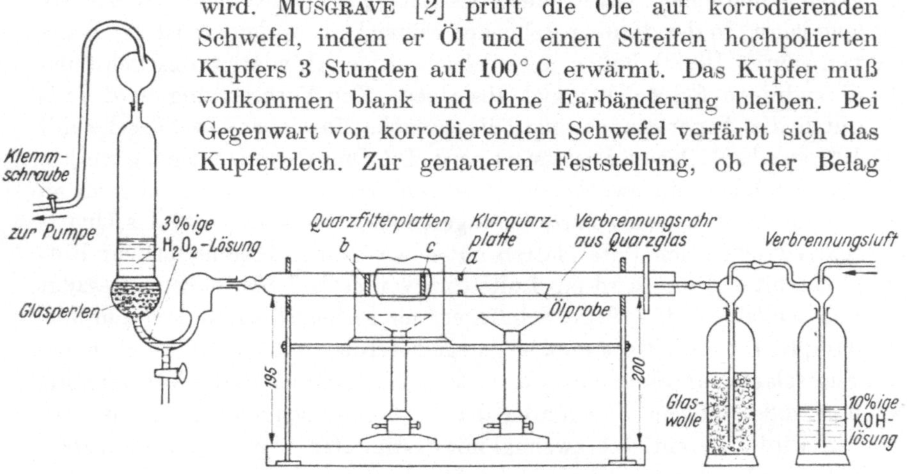

Abb. 26.
Apparatur zur Schwefelbestimmung in verbrennbaren Stoffen nach GROTE und KREKELER [53].

schwefelhaltig ist, löst man ihn nach Abspülen mit Petroläther in einigen Tropfen rauchender Salpetersäure und wäscht mit wenig Wasser nach. Nach Zusatz von 5 cm³ konzentrierter Salzsäure kocht man die Lösung mit 5 cm³ 10%iger Bariumchloridlösung und läßt mindestens 6 Stunden bei 95° C stehen. Ein Niederschlag von Bariumsulfat deutet auf die Anwesenheit von korrodierendem Schwefel hin.

Quantitativ wird der Schwefel in Ölen zweckmäßig nach GROTE und KREKELER bestimmt [53]. Die Apparatur besteht nach Abb. 26 aus einem mit Gas heizbaren Quarzrohr zur Verbrennung des zu untersuchenden Stoffes und einer angeschliffenen Absorptionsvorlage.

Das Quarzrohr ist etwa in der Mitte mit drei eingeschmolzenen Einsätzen versehen, einer durchlochten Klarquarzplatte a und zwei Quarzfilterplatten b und c. Die Klarquarzplatte dient dazu, die brennbaren Dämpfe mit der angesaugten Luft gut zu vermischen, sowie ein etwaiges Weiterlaufen flüssiger, noch nicht verdampfter Probe zur ersten Filterplatte hin zu vermeiden. Diese soll ein Zurückschlagen der sich hinter ihr entzündenden Flamme verhindern. Die zweite Platte hält den bei unvorsichtigem Verbrennen infolge Sauerstoffmangels gebildeten Ruß zurück. Das Quarzrohr ist mit geringem Gefälle gegen das Absorptionsgefäß hin zu lagern. Die Absorptionsvorlage enthält eine dicke, feinporige Glasfilterplatte und darunter eine kugelförmige Erweiterung, die z. T. mit Glasperlen gefüllt ist. In die Vorlage werden 50 cm^3 3%ige Wasserstoffperoxydlösung, je zur Hälfte auf die Räume unter und über der Filterplatte verteilt, eingefüllt.

Im unteren Teil findet die Hydratisierung des in den Verbrennungsgasen befindlichen Schwefeldioxydes statt. Dieses wird in der Filterplatte aggregiert. In der darüber stehenden Flüssigkeit werden die letzten Reste von sauren Bestandteilen unter gleichzeitiger Oxydation des Schwefeldioxydes zu Schwefeltrioxyd absorbiert. Zur Verbrennung wird Luft durch die Apparatur gesaugt, die zunächst in einer Waschflasche mit 10%iger KOH-Lösung entsäuert wird. Die Ölprobe von 2 bis 5 g wird in ein Schiffchen eingewogen und das volle Schiffchen auf 1 bis 3 cm an die durchlochte Quarzplatte herangeschoben. Zunächst wird das Quarzrohr zwischen den Filterplatten mit einem Bunsenbrenner bis zur Rotglut erhitzt. Dann wird ein Luftstrom von etwa 3 Blasen/sec angesaugt und schließlich das Öl im Schiffchen mit kleiner Flamme langsam verdampft. Der Luftstrom muß so geregelt werden, daß das Öl zwischen den Filterplatten absolut rußfrei verbrennt. Nach Abschluß der Verbrennung und vollständigem Überführen der Verbrennungsprodukte in die Vorlage wird diese entleert, zweimal mit destilliertem Wasser gut durchspült und die absorbierte Schwefelsäure gravimetrisch als Bariumsulfat in üblicher Weise bestimmt.

Das ganze Gerät wird unter der Bezeichnung Fi 355 b D3 von der Firma Schott u. Gen. geliefert.

Zur Schwefelbestimmung in Ölen ist in USA ein Verfahren entsprechend der Methode von GROTE und KREKELER in ASTM D 90 — 47 T (F. S. B. Nr. 520. 1. 4) genormt. Das Öl wird jedoch in einer Verbrennungslampe statt in dem Quarzrohr verbrannt. Die Absorptionsvorlage entspricht derjenigen von GROTE und KREKELER. Daneben ist auch die Bombenrohr-Methode nach ASTM D 129 — 44 (F. S. B. Nr. 520. 2. 5) gebräuchlich.

Nach HOLDE [24] verleiht der Schwefel den Ölen hochgradig korrodierende Eigenschaften, wodurch Vorratsbehälter und Maschinenteile schnell zerfressen werden. Schwefelverbindungen wirken vor allem auf Kupfer sehr stark ein.

Über die Auswirkung von Schwefel in Kältemaschinenölen liegen wenig exakte Mitteilungen vor. Die IG. Farbenindustrie AG. fordert für Öle für Frigen-Kältemaschinen Schwefelgehalte unter 0,2% [19]. Nach

PHILIPP und TIFFANY [54] soll der Schwefelgehalt in Kältemaschinenölen für SO_2-Betrieb stets bestimmt werden. Auch HAUN [55] hält die
Bestimmung des Gesamtschwefels in Kältemaschinenölen für wichtig,
ohne näher auf den Einfluß des Schwefels einzugehen. Er soll null sein,
da in SO_2-Maschinen nicht nur der sog. korrodierende Schwefel eine Rolle
spielt, sondern auch der gebundene Schwefel zur Reaktion kommt. Die
organischen Schwefelverbindungen wirken auf Schwefeldioxyd reduzie-
rend unter Bildung von Schwefel und kohlehaltigem Schlamm ein. Der
Schwefel greift das Öl in status nascendi an und führt zur Bildung neuer
Schwefelverbindungen,
so daß sich der Vorgang
lawinenartig steigert.
FRIEDEMANN [56] stellt
fest, daß bei der Einwir-
kung von Schwefel auf
Olefine und Naphthene
asphaltartige Stoffe ent-
stehen, während gesät-
tigte Paraffin-Kohlen-
wasserstoffe selbst bei
stärkerer Erhitzung auf
250 bis 280° C mit Schwe-
felverbindungen unter
Bildung von Zersetzungs-
produkten reagieren.

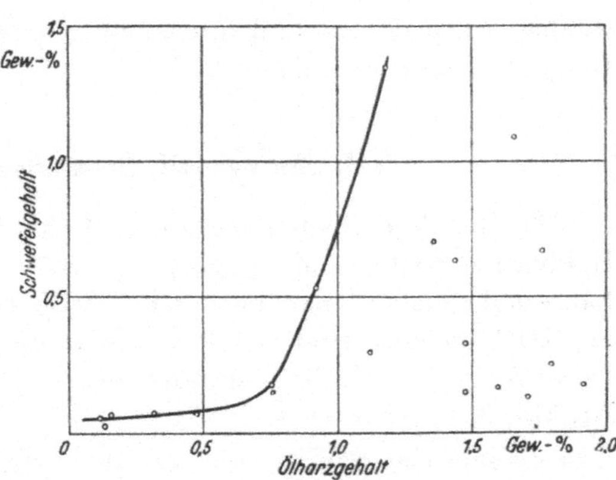

Abb. 27. Zusammenhang zwischen Ölharz- und Schwefelgehalt von Ölen (STEINLE).

STEINLE konnte nach bisher unveröffentlichten Arbeiten im Zusammenhang mit den Untersuchungen über Ölharz und seinen Einfluß auf die
SO_2-Beständigkeit der Öle (Abschnitt F III a) und die Kupferkorrosion im
Druckrohr-Test (Abschnitt G II a) keinen gesetzmäßigen Zusammenhang
zwischen dem Gesamtschwefelgehalt der Öle und ihrem chemischen Verhalten gegenüber Schwefeldioxyd und den Baustoffen der Kältemaschinen
feststellen. Der Schwefelgehalt der untersuchten Öle (nach GROTE und
KREKELER bestimmt) schwankte zwischen 0,006% bei den Weißölen bis
zu 1,4% bei dunkleren Raffinaten. Es wird lediglich festgestellt, daß
höherer Schwefelgehalt der Öle stets auch mit höherem Ölharzgehalt verbunden ist. Ein großer Teil des im Öl enthaltenen Schwefels, und zwar
etwa 20%, liegt an das Ölharz gebunden vor. Die Trikomponente des
Gesamtharzes (Abschnitt D II) enthält keinen Schwefel. Öle mit aus-
gesprochen geringem Schwefelgehalt können nach Abb. 27 hohen Ölharzgehalt haben, jedoch nicht umgekehrt. Die gezeichnete Kurve ist nur
als Grenzkurve zu werten.

Eine Reaktion, deren Ablauf in Kältemaschinen mit Schwefeldioxyd
im Bereich des Möglichen liegt, benutzt PALASCIANO [94] zur Entwick-

lung von reinstem Schwefelwasserstoff (H_2S). 25 Teile Paraffin, 25 Teile Kieselgur und Asbest und 50 Teile Schwefel werden erwärmt. Ab etwa 60° C findet eine lebhafte Entwicklung von Schwefelwasserstoff statt, die beim Erkalten sofort aufhört. STEINLE stellt ergänzend in einer unveröffentlichten Arbeit fest, daß Mineralöle und Schwefel ohne Rücksicht auf das Mischungsverhältnis und ohne die Anwesenheit von Katalysatoren auch im Glasgefäß unter Entwicklung von Schwefelwasserstoff miteinander reagieren. Als einziger Rückstand entsteht Kohlenstoff. Wie weit diese Reaktion für das Auftreten von Schwefelwasserstoff und Metallsulfiden in Kältemaschinen verantwortlich ist, muß noch geklärt werden. Auch der Einfluß des im Öl gebundenen Schwefels auf diese Umsetzung ist noch unklar.

VII. Säuregehalt, Neutralisationszahl.

Alle Rohöle enthalten saure organische Bestandteile, die durch die Raffination weitgehend entfernt werden. Unter Neutralisations- oder Säurezahl versteht man nach DIN 53658 bei Mineralölen die Anzahl mg KOH, die nötig sind, um die freien Säuren in 1 g Öl zu neutralisieren. In USA ist das gleiche Verfahren nach ASTM D 188 − 27 T (F. S. B. Nr. 510, 3, 2) genormt.

Anorganische Säuren, die aus dem Raffinationsprozeß stammen, dürfen in Ölen keinesfalls vorhanden sein, da sie unbedingt zu Korrosionen führen. Auch organische Fettsäuren, die sich stets bei der Alterung der Öle bilden, dürfen in Kältemaschinenölen nicht oder nur in ganz unbedeutendem Maße vorhanden sein, da sie chemisch mit den meisten Kältemitteln sehr leicht reagieren und in den gekapselten Kältemaschinen vor allem die aus Zellulose aufgebauten Isolierstoffe, wie Baumwolle und Papiere, angreifen.

Die Vorprüfung der Öle auf saure oder alkalische Reaktion wird nach der „Ölbewirtschaftung" [11] folgendermaßen durchgeführt:

Man füllt 5 cm³ des zu untersuchenden Öles in ein kleines Reagenzglas und gibt 5 cm³ heißes destilliertes Wasser zu, das mit einem Tropfen Methylorange versetzt wurde. Anschließend vermischt man zunächst vorsichtig und schüttelt dann 2 Minuten kräftig durch. Färbt sich das Wasser nach Abkühlen der Probe und dreistündigem Stehen im bedeckten Reagenzglas rot, so enthält das Öl wasserlösliche Säuren. In gleicher Weise macht man einen Versuch mit 3 Tropfen Phenolphthalein. Bei Anwesenheit wasserlöslicher Alkalien, Erdalkalien oder Seifen entsteht Rotfärbung.

Die Bestimmung der Neutralisationszahl (Prüfung auf Gesamtsäure in einem Öl) wird nach der obengenannten Vorschrift DIN 53658 durchgeführt. Die Titration wird im BAADER-Kolben mit seitlichem Ansatzrohr mit 300 cm³ Inhalt, DENOG 11, vorgenommen.

Man stellt zunächst ein Lösungsgemisch her, indem man 1,20 g Alkaliblau 6 B p. A. in einem Gemisch von 1000 cm³ Reinbenzol und 1500 cm³ 99%igem Alkohol, der mit 1% Petroleum- oder Normalbenzin vergällt ist, auflöst. Man läßt über Nacht absitzen und filtriert die klare Lösung von dem Ungelösten ab.

In den BAADER-Kolben wägt man 10 g des zu untersuchenden Öles ein, bei stark säurehaltigen Ölen entsprechend weniger, und gibt 40 cm³ des Lösungsgemisches dazu. Dann bringt man das Öl durch Umschwenken, wenn nötig unter gelindem Anwärmen, in Lösung. Man titriert unter ständigem Schwenken des Kolbens möglichst rasch mit alkoholischer $^1/_{10}$ normaler KOH-Lösung, bis in dem seitlichen Glasrohr die Farbe von Blau in Rot umschlägt. Der Verbrauch an Kalilauge sei a cm³. In gleicher Weise titriert man 40 cm³ des Lösungsgemisches ohne Ölzusatz, um die im Lösungsmittel vorhandenen freien Säuren zu erfassen und den Einfluß der Alkalität der Glasgefäße auszuschalten. Werden hierbei b cm³ Kalilauge verbraucht, so erhält man bei einer Einwaage von c g Öl die Neutralisationszahl aus der Gleichung

$$NZ = \frac{(a-b) \cdot 5{,}611}{c}.$$

Nach STEINBACH [13] soll die Neutralisationszahl von Kältemaschinenölen nicht höher als 0,3 sein. In den Richtlinien für Schmierstoffe, Kältemaschinenöl Entwurf DIN 6553 vom Juni 1950 wird ein Wert von höchstens 0,08 zugelassen.

Ross [9] stellt fest, daß viele der natürlichen organischen Säuren in Ölen die Metalle nicht angreifen, z. T. aber die Schmierfähigkeit der Öle erhöhen [3].

VIII. Verseifbares, Verseifungszahl.

Verseifbare Bestandteile dürfen in Ölen für Kältemaschinen nur in Spuren vorhanden sein, da sie bei erhöhter Temperatur sehr reaktionsfähig sind und zusammen mit Wasser Säuren bilden. Sie sind die Fremdstoffe in den Mineralölen, die die elektrische Leitfähigkeit am meisten beeinflussen. Die Verseifungszahl steigt bei der Alterung der Öle an.

Die Verseifungszahl der normalerweise als Kältemaschinenöle verwendeten hochwertigen Raffinate ist erfahrungsgemäß praktisch stets kleiner als die Meßgrenze des Verfahrens zu ihrer Bestimmung. Sie wird nach DIN 53659 bestimmt, in USA nach ASTM D 94 — 45 (F. S. B. Nr. 540, 1. 4).

IX. Aschegehalt, Kohlerückstand.

Aschegehalt ist der mineralische Glührückstand der Öle. Die mineralischen Stoffe können von Natur aus in den Ölen enthalten sein, sind aber meist Korrosionsprodukte aus unsauberen, vor allem feuchten und rostigen Behältern oder anderen Geräten, mit denen das Öl in Berührung war. Sie sind als ausgesprochene Verunreinigungen anzusehen.

Für die Bestimmung des Aschegehaltes in Ölen gilt DIN 53657; in USA ASTM D 482—46 (F. S. B. Nr. 542, 1, 2). Man wägt in einem ausgeglühten und gewogenen Porzellan- oder Quarztiegel 40 bis 50 g filtriertes Öl ab und setzt den Tiegel in ein Tondreieck. Mit kleiner Flamme wird zunächst vorsichtig erhitzt, bis sich die entweichenden Dämpfe entzünden lassen. Dann wird die Erhitzung derart geregelt, daß der Tiegelinhalt ruhig abbrennt. Sind schließlich nur noch kohlige Rückstände vorhanden, so wird der Tiegel geglüht, bis diese verschwinden. Schwer verbrennbare Kohlerückstände veraschen sich leicht nach Befeuchten mit aschefreiem Wasserstoffsuperoxyd oder durch kurzes Glühen in einer Mischung von Luft mit wenig Sauerstoff, die durch den Deckel eines ROSE-Tiegels eingeleitet werden kann. Nach dem Erkalten im Exsikkator wird die Asche gewogen und in % berechnet.

Nach STEINBACH [13] soll der Aschegehalt der Kältemaschinenöle unter 0,03% liegen. Nach Entwurf DIN 6553 darf er 0,01% nicht überschreiten.

Bei hohen Betriebstemperaturen können sich aus Ölen kohleartige Schlammrückstände bilden, wenn die Öle nicht genügend ausraffiniert sind. Nach ROSS [9] ist der Kohlerückstand der paraffinbasischen Öle hart und festhaftend, während die naphthenbasischen Öle einen weichen und flockigen Rückstand ergeben. Für SO_2-Kältemaschinen dürfen nur bestraffinierte Öle verwendet werden, da das Schwefeldioxyd die Bildung von Kohleschlamm außerordentlich beschleunigt.

Die CONRADSON-Zahl gibt ein Maß für die Kohleschlammbildung bei hoher Temperatur. Sie soll für Kältemaschinenöle möglichst niedrig sein. Der Kohlerückstand nach CONRADSON (ASTM. D 189—46; F. S. B. Nr. 500, 1,5) wird bestimmt durch Verdampfen des Öles unter Atmosphärendruck, bis keine flüssigen Anteile mehr vorhanden sind. Ein Entwurf DIN DVM 3796, Prüfung von Heizölen und Dieselkraftstoffen, Verkokung nach CONRADSON, der in gleicher Weise für Schmieröle Gültigkeit hat, liegt vor [93].

In USA wird der Kohlerückstand der Öle vielfach nach der RAMSBOTTOM-Methode bestimmt (A. S. T. M. D 524—42, F. S. B. Nr. 500, 2, 2). Je nach dem zu erwartenden Kohlerückstand werden 1 bis 4 g Öl in das Verkokungsgefäß nach Abb. 28 eingewogen, das aus poliertem, rostfreiem Stahl mit halbkugeligem Boden besteht. Es hat etwa 46 mm Höhe und 22,2 mm lichte Weite. Verschlossen wird es durch einen flachen Deckel mit schwachem Konus. In dem Deckel befindet sich eine Bohrung von 1,0 mm Durchmesser (NO 60 DRILL), die in einer etwa 9,5 mm langen Kapillare endet. Das Öl wird durch Einsetzen des Verkokungsgefäßes in ein Metallbad von $550 \pm 5°$ C in 20 Minuten verdampft. Nach dem Abkühlen im Exsikkator wird der Kohlerückstand gewogen und in % berechnet.

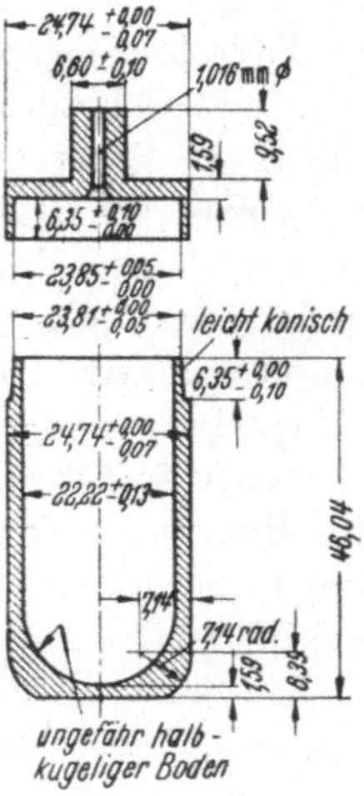

Abb. 28. Verkokungsgefäß für den Ramsbottom-Test nach ASTM D 524 — 42 (FSB Nr. 500. 2. 2).

E. Kälteverhalten der Öle.

Die wichtigsten physikalischen Eigenschaften der Kältemaschinenöle sind die Zähigkeit und der Stockpunkt bzw. Fließpunkt. Diese Daten bestimmen die untere Temperaturgrenze für die Verwendbarkeit eines Öles. Zähigkeit und Stockpunkt werden außer durch die Herkunft des Öles im wesentlichen durch die Art und den Grad der Raffination und den Gehalt an Paraffin bestimmt.

I. Zähigkeit.

Die Zähigkeit oder Viskosität eines Öles ist nach DIN 53655 die Eigenschaft, der gegenseitigen Verschiebung zweier benachbarter Schichten einen Widerstand entgegenzusetzen. Als absolutes Maß dient die Kraft, welche eine Flüssigkeitsschicht von 1 cm² Oberfläche über eine gleich große, im Abstand von 1 cm entfernte Schicht mit der Geschwindigkeit von 1 cm/sec verschieben kann. Die Einheit dieser dynamischen Zähigkeit ist ein Poise mit den Dimensionen $g \cdot cm^{-1} \cdot sec^{-1}$. Der Quotient $\eta/d = \nu$ in $cm^2 \cdot sec^{-1}$ ist die kinematische Zähigkeit in Stok, mit d als Dichte in $g \cdot cm^{-3}$.

In der Technik wird die Zähigkeit nicht im absoluten Maßsystem, sondern entsprechend den hauptsächlich benützten Apparaten in ENGLER-Graden, SAYBOLT-Sekunden usw. gemessen. Für die Bestimmung oberhalb des Trübungspunktes mittels eines ENGLER-Viskosimeters gilt DIN 53655; daneben sind noch andere, nicht genormte Viskosimeter in Gebrauch, wie das Kugelfallviskosimeter nach HÖPPLER oder die Geräte nach UBBELOHDE oder VOGEL und OSSAG. Bei dem HÖPPLER-Gerät wird die Fallzeit einer Kugel zwischen zwei Marken in bestimmter Winkellage des Fallrohres gemessen. Zu dem Gerät wird eine ausführliche Beschreibung und Gebrauchsanweisung geliefert, auf die hier verwiesen sei. Die mit diesen Geräten ermittelten Werte können nur als Vergleichswerte, nicht aber als Grundlage für Berechnungen, z. B. des Reibungskoeffizienten, dienen. Tabellen zur Umrechnung der Viskositäten von einem Maßsystem in das andere wurden von UBBELOHDE [57] aufgestellt. Eine Umrechnungstafel ist auch in DIN 53655 enthalten. In USA ist für Zähigkeitsmessungen die Bestimmung der Auslaufzeit in Saybolt-Sekunden nach ASTM D 88 – 44 (F. S. B. Nr. 30, 4, 5) am gebräuchlichsten. Zur Messung der kinematischen Zähigkeit wird das UBBELOHDE-Viskosimeter und das sehr ähnliche FITZ SIMONsche Kapillarviskosimeter nach ASTM D 445 – 46 T (F. S. B. Nr. 30, 5. 1) benutzt.

Die Zähigkeit aller Flüssigkeiten nimmt mit steigender Temperatur ab. Der Zähigkeitsverlauf eines Öles in Abhängigkeit von der Temperatur ist kein Maß für seine Schmierfähigkeit. Nach UBBELOHDE [57] und WALTHER erscheinen die Viskositäts-Temperaturkurven als Geraden, wenn man als Abszisse $\log T$ und als Ordinate $W = \log \log (\nu + 0{,}8)$ aufträgt, wobei ν die kinematische Zähigkeit in Centistok ist. Diese Geraden erhält man, wenn man die Zähigkeit bei zwei verschiedenen Temperaturen, üblicherweise bei 20 und 50° C, bestimmt und die Werte in dem UBBELOHDEschen Meßblatt miteinander verbindet.

Die gewünschte Zähigkeit der Öle läßt sich durch Mischen verschiedener Destillatfraktionen einstellen.

Die Änderung der Viskosität mit der Temperatur soll bei Kältemaschinenölen klein sein, um mit möglichst gleichbleibender Viskosität bei hoher und niederer Temperatur rechnen zu können, da die Öle in der Kältemaschine sehr stark schwankenden Temperaturen ausgesetzt sind. In den Verdichtern von Kältemaschinen werden Temperaturen erreicht, die 100° C und darüber betragen können. Auf der Niederdruckseite, also im Verdampfer, treten bei Haushaltkältemaschinen Temperaturen bis −30° C, in Großkältemaschinen und in Tiefkühlmaschinen noch tiefere Temperaturen auf. Die Unterschiede sind also erheblich.

Auf der Hochdruckseite, im Verdichter, muß die Zähigkeit des Öles genügend hoch sein, um noch die Bildung eines zusammenhängenden Schmierfilms auf bewegten Teilen und damit eine ausreichende Schmierung zu garantieren. Ist das Öl zu dünnflüssig, so wird es durch den Lagerdruck weggedrückt und der Schmierfilm unterbrochen. Andererseits darf die Zähigkeit nicht zu hoch sein, da das Öl sonst den Widerstand beim Lauf unnötig erhöht. Mehrverbrauch an Energie und Kosten sind die Folgen. Gerade bei den Haushaltkältemaschinen sind aber geringer Energieverbrauch und damit geringe Kosten ein ausschlaggebendes Verkaufsmoment. Aus diesem Grunde muß die günstigste Zähigkeit für die Konstruktion und die Betriebsverhältnisse der Maschine genauestens ermittelt werden, um maximale Leistung bei genügender Schmierung zu erzielen.

Im Verdampfer muß die Zähigkeit des Öles selbst bei der tiefsten vorkommenden Betriebstemperatur noch so niedrig sein, daß das Öl unter der Wirkung des eigenen Gewichtes fließfähig bleibt. Nur bei genügendem Fließvermögen des Öles ist die Ölrückführung aus dem Verdampfer in einfacher und zufriedenstellender Weise zu lösen. Auch aus diesem Grunde soll die Zähigkeit des Öles nicht höher gewählt werden, als aus schmiertechnischen Gründen unbedingt erforderlich ist. Für Spezialzwecke, bei denen besonders tiefe Betriebstemperaturen verlangt werden, müssen mit Rücksicht auf die dann erforderlichen besonders tiefen Stockpunkte meist sehr dünne Öle verwendet werden, weil gewöhnlich nur solche diese Bedingungen erfüllen können.

Neben der Temperatur ist die Art des verwendeten Kältemittels von Einfluß auf die Zähigkeit des Öles in der Kältemaschine. Dabei sind zwei Arten von Kältemitteln zu unterscheiden: erstens die ölunlöslichen und zweitens die öllöslichen.

Die ölunlöslichen Kältemittel verändern die Zähigkeit der Öle nicht und haben auch keinen Einfluß auf die Schmiereigenschaften der Öle im Verdichter. Die ölunlöslichen Kältemittel sind Ammoniak und Kohlensäure. Auch das Schwefeldioxyd mit seiner geringen begrenzten Löslichkeit beeinflußt die Zähigkeit der Öle im Verdichter praktisch nicht und verhält sich nahezu wie die vollständig ölunlöslichen Kältemittel. Im Verdampfer von SO_2-Kältemaschinen schwimmt das Öl auf dem Schwefeldioxyd. Ist das Öl in diesem Falle zu zäh, so verhindert es die freie Verdampfung, es entsteht Siedeverzug des Kältemittels, der das gleichmäßige Arbeiten der Kältemaschine unmöglich macht und zu Flüssigkeitsschlägen im Verdichter führen kann. Bei sehr zähen Ölen können sich mit den ölunlöslichen Kältemitteln zähe Suspensionen bilden, welche die gleichmäßige Verdampfung verhindern und den Siedepunkt erhöhen [58]. Die Rückführung des Öles aus dem Verdampfer ist in Frage gestellt, da das zu zähe Öl nicht in genügender Menge aus dem Verdampfer angesaugt werden kann. Als Folge davon füllt sich der Verdampfer unzulässig mit Öl, während der Ölstand im Verdichter abnimmt und die Schmierung in Frage gestellt wird. Alle diese Erscheinungen führen zu einer Verminderung der Kälteleistung der Maschinen. Deshalb ist der Vorschlag von EVERS [8], eine höchstzulässige Grenzzähigkeit statt des Stockpunktes vorzuschreiben, sehr zu begrüßen. Diese Grenzzähigkeit soll von Ölen für ölunlösliche Kältemittel, unabhängig vom verwendeten Kältemittel und von der Konstruktion der Kältemaschine, bei der tiefsten Verdampfertemperatur nicht überschritten werden. Diese Kältezähigkeit kann mit dem VOGEL-OSSAG-Viskosimeter mit trichterförmigem Ausfluß nach

BAADER [46] nach Abb. 29 gemessen werden. Konkrete Vorschläge für die Höhe dieser höchstzulässigen Kältezähigkeit bei der tiefsten Verdampfertemperatur sind bisher nicht bekannt geworden. KRÖGER und HEDICKE [104] teilen neuerdings mit, daß die Öle in der Gegend des Stockpunktes eine Zähigkeit von 1 bis 5 · 10⁶ cSt aufweisen. HENNENHÖFER und FRITZ [107] schlagen zur Messung derartig großer Zähigkeiten das aus dem VOGEL-OSSAG-Viskosimeter entwickelte VOGEL-OSSAG-Steigrohr vor.

MARTINET [96] schlägt vor, als Maß für das Kälteverhalten die verbleibende Schichtdicke des Öles auf einer Metallplatte nach Tauchen in das Öl bei der Prüftemperatur zu bestimmen. Ein Metallzylinder von bekannter Oberfläche wird in das vorgekühlte Öl eingebracht. Dann wird das Öl abgelassen, während der Zylinder noch eine Stunde auf der Prüftemperatur gehalten wird. Nach dieser Zeit wird die Gewichtszunahme des Zylinders durch die anhaftende Ölschicht bestimmt und die Schichtdicke berechnet. Sie ist nach MARTINET eine eindeutige Funktion der Zähigkeit des Öles und gestattet bei tiefen Temperaturen Rückschlüsse auf das Kältefließverhalten der Öle.

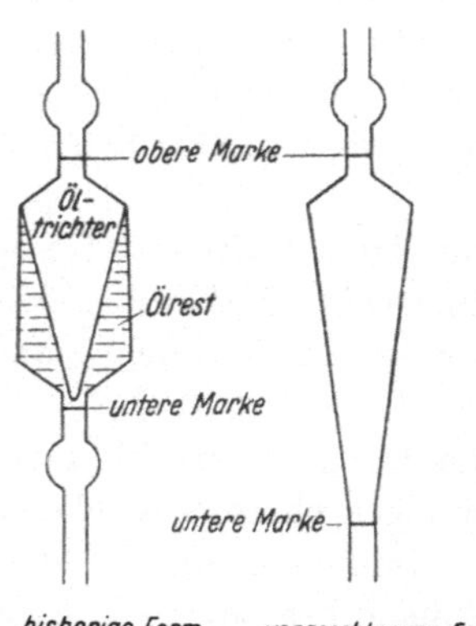

Abb. 29. Trichterförmige Kapillarenform zum VOGEL-OSSAG-Viskosimeter nach BAADER [46].

Die öllöslichen Kältemittel, zu denen vor allem die Freone (Frigen), das Methylchlorid und alle anderen Kohlenwasserstoffe mit ihren chlorierten und fluorierten Derivaten gehören, setzen durch Verdünnung die Zähigkeit der Öle stark herab. Für die Schmierfähigkeit der Öle in den Verdichtern der Kältemaschinen ist aber die effektive Zähigkeit der Lösung Öl–Kältemittel maßgebend, die sich im Betrieb der Maschine einstellt. Die Zähigkeitsverminderung geht bei dünnen Ölen so weit, daß ihre Schmierfähigkeit überhaupt in Frage gestellt wird. Abb. 30 gibt die Zähigkeit eines Öles mit 13° E bei 20° C und 2,3° E bei 50° C in Abhängigkeit vom Frigengehalt wieder. Abb. 31 zeigt die Temperaturabhängigkeit der Zähigkeit eines Öles mit 10, 20 und 30% gelöstem Frigen [19]. Aus beiden Abbildungen geht hervor, daß der Hauptabfall der Zähigkeit im Bereich von 0 bis 10% Frigengehalt auftritt. Der Gehalt des umlaufenden Öles im Kältemittelkreislauf beträgt aber erfahrungsgemäß bis zu 10%. Durch gelöstes Kältemittel wird die Zähigkeit in weit stärkerem Maße herabgesetzt als durch erhöhte Betriebstemperaturen. Aus diesem Grunde müssen für die Schmierung von Kältemaschinen mit öllöslichen Kältemitteln Öle mit höheren Zähigkeiten verwendet werden. Vor allem für Kältemaschinen der offenen Bauart mit Stopfbüchsen ist die Zä-

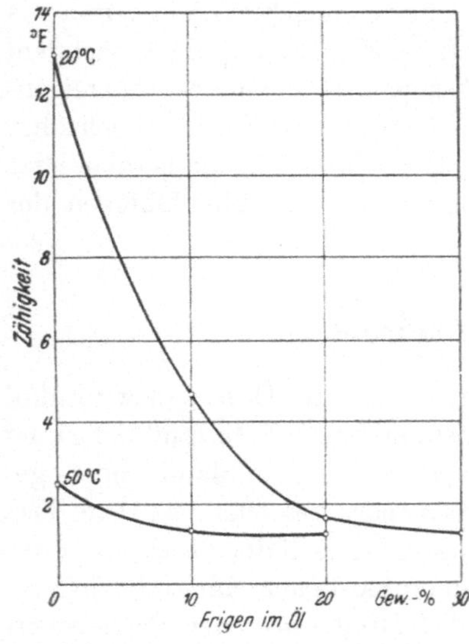

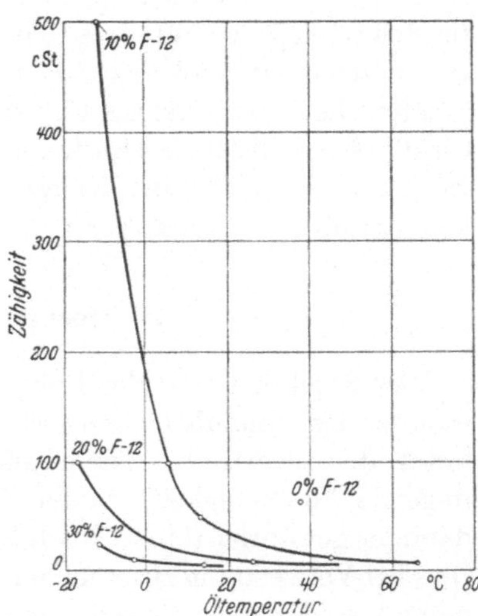

Abb. 30. Abhängigkeit der Zähigkeit eines Öles mit 13° E bei 20° C und 2,3° E bei 50° C vom Frigengehalt bei 20 und 50° C.

Abb. 31. Temperaturabhängigkeit der Zähigkeit eines Öles (8,5° E = 64,4 cSt bei 37,8° C) mit 10, 20 und 30% Frigen [19].

higkeit von maßgebendem Einfluß, da die zäheren Öle nach PERLICK [59] Stopfbüchsen und Gleitringdichtungen besser abdichten als die dünnen Öle.

Mit Rücksicht auf die Schmierfähigkeit der Kältemaschinenöle werden für die einzelnen Kältemittel und Maschinentypen bestimmte Mindestzähigkeiten gefordert, die in Tabelle 2 zusammengestellt sind.

Tabelle 2.   *Zähigkeitsrichtwerte für Kältemaschinenöle für verschiedene Kältemittel.*

Kältemittel	Betriebs-temperatur °C	Zähigkeit mindestens °E	bei °C	Zähigkeit höchstens °E	bei °C	Literatur-stelle
		1,8	50			[13]
Ammoniak NH$_3$	unter —15	4,5	37,5			[14]
	über —15	6,0	37,5	9,0	37,5	[14]
		4,5	20	10	20	[102]
Kohlensäure CO$_2$		6,0	37,5	9,0	37,5	[14]
Schwefeldioxyd SO$_2$	bis —25					
Klein-Kälte-maschinen		3,0	20	6,0	20	[58]
Groß-Kälte-maschinen		9,0	20			[58]
		2,2	37,5			
	bis —30	5,0	20	20,0	20	[12]
		1,95	50	4,5	50	
Frigen CF$_2$Cl$_2$		4,5	37,5			[19]
		2,5	50			
		20,0	20			[12]
		4,5	50			
		4,3	37,5	8,8	37,5	[58]
		10,0	20			[14]
Methylchlorid CH$_3$Cl		5,5	37,5			[45]

In USA werden für Frigen auch Öle mit den gleichen Zähigkeiten wie für Schwefeldioxyd mit etwa 10 bis 12° E bei 20° C angewendet, nachdem sich gezeigt hat, daß das Frigen–Öl-Gemisch sehr gute Schmiereigenschaften hat [14]. PERLICK [59] stellt fest, daß die Viskosität hochzäher Öle durch die öllöslichen Kältemittel in jedem Fall genügend herabgesetzt wird, um im Betrieb der Kältemaschinen genügende Fließfähigkeit des Schmiermittels zu garantieren.

II. Stockpunkt, Fließpunkt.

Der Stockpunkt ist die Temperatur, bei der das Öl so zäh wird, daß es unter dem Einfluß der Schwerkraft nicht mehr fließt. Er muß tief genug unter der niedrigsten Verdampfertemperatur liegen, damit noch genügende Fließfähigkeit für den Rücktransport des Öles aus dem Verdampfer gewährleistet ist. Nach STEINBACH [13] soll der Stockpunkt des Öles bei Verwendung zusammen mit den ölunlöslichen Kältemitteln Ammoniak und Kohlendioxyd mindestens 5 Grad unter der Betriebsverdampfungstemperatur liegen. Ammoniak, das sich, wie bereits erwähnt, mit dem Öl nicht mischt und den Stockpunkt nicht erniedrigt, ist spezifisch leichter als die Öle und schwimmt obenauf. Das Öl setzt sich, wenn es nicht mehr genügend fließfähig ist, im Verdampfer ab, erstarrt und verschlechtert den Wärmeübergang von der Verdampferwandung zum verdampfenden Kältemittel infolge seiner geringen Wärmeleitfähigkeit. Liegt der Stockpunkt zu hoch, so kann durch Verdampfen des Kältemittels im Regelorgan das Öl stocken und zu Verstopfungen führen. Verstopfungen durch gestocktes Öl in Kältemaschinen können leicht dadurch festgestellt werden, daß sie meist bei Temperaturen unter 0° C zu beseitigen sind, während Verstopfungen durch Eis erst bei etwa 0° C aufschmelzen, Verstopfungen durch ausgeschiedenes Paraffin oder andere Verunreinigungen aber erst bei Raumtemperatur und darüber behoben werden können.

Für Kältemaschinenöle ist der Stockpunkt als untere Grenze der Temperaturbeständigkeit von größter Bedeutung. Der Übergang der Öle vom flüssigen in den festen Zustand erfolgt im Gegensatz zu den Verhältnissen bei einheitlichen Stoffen stetig, weil es sich um Gemische aus zahlreichen Komponenten handelt. Er ist daher kein genau festliegender Umwandlungspunkt des Aggregatzustandes im Sinne der Physik.

Die ölunlöslichen Kältemittel CO_2 und NH_3 beeinflussen den Stockpunkt der Öle überhaupt nicht, und auch das nur sehr begrenzt im Öl lösliche SO_2 senkt den Stockpunkt nicht merklich. Die öllöslichen Kältemittel dagegen setzen den Stockpunkt außerordentlich stark herab. Durch die öllöslichen Kältemittel wird der Stockpunkt nach PERLICK [59] stets genügend erniedrigt, um im Verdampfer ausreichende Fließfähigkeit des Öles für den Rücktransport zu erhalten. Mit Rücksicht auf die Verstopfungsgefahr für die Regelorgane muß aber auch für öllösliche Kältemittel ein Öl gewählt werden, dessen Stockpunkt unter der niedersten Betriebstemperatur liegt. Abb. 32 gibt die Abhängigkeit des Fließpunktes eines Öles vom Gehalt an Methylchlorid nach Messungen von WEBLING [60] wieder. Der Fließpunkt wird durch 3% CH₃Cl bereits um etwa 20° erniedrigt. Der Einfluß der anderen öllöslichen Kältemittel, vor allem der Freone bzw. des Frigens, ist etwa gleich.

Da der Stockpunkt kein scharfer Umwandlungspunkt des Aggregatzustandes der Öle ist, sondern die Zähigkeit bis zum Stockpunkt stetig ansteigt, sind die Schmiereigenschaften der Öle schon vor Erreichen des Stockpunktes schlecht. Von verschiedenen Autoren wird statt des Stockpunktes die Festlegung einer bei der tiefsten Betriebstemperatur höchstzulässigen Grenzzähigkeit vorgeschlagen [3, 8, 46] (vgl. Abschnitt E. I).

STEINBACH [13, 97] und EVERS [8] weisen ausführlich auf die Unzulänglichkeit der Stockpunktsmethode als Kriterium für das

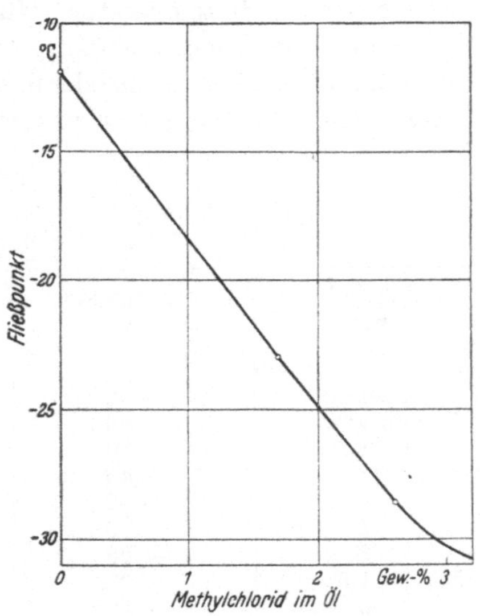

Abb. 32. Abhängigkeit des Fließpunktes eines Öles vom Gehalt an Methylchlorid [60].

Kälteverhalten der Öle hin. Die Bemühungen, ein geeigneteres Verfahren zur Prüfung des Kälteverhaltens der Öle zu finden, haben bisher nicht zu dem gewünschten Erfolg geführt. STEINBACH beschreibt ein Prüfgerät für Kälteöle, bei dem das mit Kältemitteldampf, z.B. Ammoniak, gleichmäßig gekühlte Öl über die Kuppe eines Thermometers aus einem Becher ausfließt. Als Kriterium für die Kältefließfähigkeit der Öle dient der Zustand, bei dem der gleichmäßige Fluß des Öles von der Kuppe des Thermometers aufhört und statt dessen einzelne Tropfen fallen. Die Temperatur, bei der dieser Zustand eintritt, soll unter der tiefsten vorgesehenen Verdampfungstemperatur liegen. Auf die Abhängigkeit der Reproduzierbarkeit der Methode von der Einhaltung der Abmessungen des Gerätes wird hingewiesen. Im Vordergrund der Diskussionen steht die Kältebeständigkeit nach dem U-Rohr-Verfahren der deutschen Bundesbahn [24]. Unter einem Überdruck von 50 mm Wassersäule wird die Steighöhe des Öles in einer Minute in einem U-Rohr von 6 ± 0,3 mm lichter Weite bei der tiefsten Betriebstemperatur bestimmt. Öle, welche in einer Minute

mehr als 10 mm steigen, gelten als fließend. In Tabelle 3 sind eine Reihe
von Meßwerten für die Kältebeständigkeit im U-Rohr bei — 25° C, sowie
Stockpunkt, Zähigkeit und der Gehalt an Frigen-Unlöslichem einer Anzahl von Ölen, die in Deutschland in den letzten Jahren als Kältemaschinenöle verwendet wurden, nach Versuchen des Verfassers mitgeteilt. Eine
Abhängigkeit von bekannten Eigenschaften der Öle ist nicht festzustellen. Öle, welche die vorgeschriebene Mindeststeighöhe von 10 mm bei der
Betriebsverdampfertemperatur erfüllen, sind mit Sicherheit im Verdampfer noch genügend fließfähig, um die Ölrückführung mit dem Kältemitteldampf zu ermöglichen oder das Ablassen des Öles aus den Verdampf-
fern der Großkältemaschinen zu gestatten.

Tabelle 3.

*Steighöhe im U-Rohr bei —25° C, Stockpunkt, Zähigkeit/20 und
Frigen-Unlösliches von Ölen.*

Steighöhe mm	Stockpunkt °C	Zähigkeit °E	Frigen-Unlösliches %
über 20	— 32	9,84	0,30
über 20	— 46	27,9	0,00
über 20	— 30	12,0	0,07
18	— 45	4,40	0,58
15	— 42	15,0	0,02
4	— 35	19,6	—
2	— 28	30,1	0,19
1,5	— 37	26,0	0,03
0	— 29	16,1	0,02
0	— 29	12,1	0,33
0	— 39	10,0	0,49

Auf genaue Einhaltung der Prüfbedingungen ist auch hierbei zu achten. Vor allem ist die Vorbehandlung des Öles vor der Messung von ganz
erheblichem Einfluß auf die Steighöhe. Wird aber die Messung bei bestimmter Temperatur, z. B. bei — 25° C vorgenommen, so ergeben sich
gut reproduzierbare Werte.

Das U-Rohr-Verfahren wurde in den Entwurf DIN 6553, Kältemaschinenöle, zunächst neben dem Stockpunkt aufgenommen [*102*].

In Anlehnung an die U-Rohr-Methode der Bundesbahn beschreibt
VOGEL [*103*] ein Verfahren zur Bestimmung des Fließbeginnes der Öle
bei langsamem Erwärmen nach dem Erstarren unter einem Überdruck
von 60 cm Wassersäule. Die Temperaturdifferenz zwischen Bad und Öl
soll nicht größer als 2 bis 3 Grad sein. In dem Moment, wo das Öl beim
Steigen eine bestimmte Marke passiert, werden beide Temperaturen abgelesen. Das Mittel zwischen Bad- und Öltemperatur gilt als Fließbeginn
des Öles. Der Fließbeginn ist abhängig von den Prüfbedingungen und von
der Vorbehandlung des Öles.

Die Bestimmung des Stockpunktes ist in DIN 53662 genormt. Sie geschieht in der Weise, daß das Öl in einem Glasrohr von 40 mm lichter Weite mit Thermometer langsam abgekühlt wird, bis beim Neigen des Glases in waagrechter Lage innerhalb 10 Sekunden keine Bewegung mehr festzustellen ist. Diese Temperatur gilt als Stockpunkt.

In USA ist es üblicher, den Fließpunkt nach ASTM D 97 — 47 (F. S. B. Nr. 20. 1. 7) zu bestimmen. Er liegt nur wenig höher als der Stockpunkt und hat die gleiche Bedeutung wie dieser. Stockpunkt und Fließpunkt unterscheiden sich nur durch die Meßmethodik. Die Bestimmung des Fließpunktes ist eindeutiger, da Überhitzung beim Schmelzen überhaupt unmöglich ist. Dagegen sind nach VOGEL [103] bei den heterogenen Gemischen der Öle Unterkühlungen bis zu 20 Grad möglich.

Der Stockpunkt der Öle wird wesentlich durch die Art und den Grad der Raffination bestimmt; jedoch haben naphthenbasische Öle bei gleicher Zähigkeit allgemein niedrigere Stockpunkte als die paraffinbasischen Öle [9, 61]. Nach KRÖGER und HEDICKE [100] ändert sich durch Mischen von Ölen die Lage des Stockpunktes in gleicher Weise, wie bei anderen binären Gemischen Mischschmelzpunkte und Eutektika auftreten. Das Öl darf bei der Bestimmung des Stockpunktes nicht gerührt werden, damit nicht dadurch das sich bildende Paraffingerüst zerstört und ein zu niedriger Stockpunkt vorgetäuscht wird, der nicht dem Verhalten des Öles im Verdampfer entspricht.

Mit dem Übergang zu immer tieferen Betriebstemperaturen der Kältemaschinen mußte auch der Stockpunkt der Öle immer tiefer gewählt werden. Die Forderung bezüglich des Stockpunktes soll nicht strenger gefaßt werden, als dies für die betreffende Maschine und das verwendete Kältemittel erforderlich ist, da mit sinkendem Stockpunkt auch die Zähigkeit und der Flammpunkt sinken. Für Betriebstemperaturen bis herab zu $-45°$ C sind noch verschiedene Mineralöle verwendbar. Darunter kommen nach STEINBACH [13] neben den Syntheseölen mit besonders tiefen Stockpunkten und ihrem flachen Viskositäts-Temperaturverlauf verschiedene organische Stoffe in Frage: Glykole bis $-70°$ C, Toluol bis $-94°$ C und Trichloräthylen bis $-80°$ C. Das chemische Verhalten dieser Stoffe gegen das vorgesehene Kältemittel und die Baustoffe der Kältemaschine ist vor der Verwendung eingehend zu prüfen. Die in USA handelsüblichen Tiefkühlöle sind besonders paraffinarme Raffinate.

Als Forderungen bezüglich des Stockpunktes gelten für die einzelnen Kältemittel heute etwa folgende Richtwerte: Der Fließpunkt der Öle für CH_3Cl-Maschinen soll nach McGOVERN [51] unter $-23°$ C liegen.

Nach Entwurf DIN 6556 vom Juni 1950 [102] soll der Stockpunkt von Kältemaschinenölen unter $-25°$ C sein. STEINLE [12] fordert für SO_2- und Frigen-Kältemaschinenöle ebenfalls Stockpunkte unter $-25°$ C.

MUSGRAVE [2] teilt mit, daß die in USA verwendeten Kältemaschinenöle meist Stockpunkte um $-40°$ C haben und damit bis auf spezielle Anforderungen für Tiefkühlmaschinen allen Wünschen gerecht werden. Besonders tiefe Stockpunkte verlangen nach seiner Meinung die Kältemittel CO_2 und NH_3 mit Rücksicht auf die tiefen Betriebstemperaturen, zumal der Stockpunkt durch diese ölunlöslichen Kältemittel nicht erniedrigt wird.

III. Einfluß des Paraffins auf das Kälteverhalten der Öle.

Das Paraffin ist unabhängig vom Raffinationsgrad der ausschlaggebende Faktor für das Kälteverhalten der Öle. Die Kältezähigkeit und der Stockpunkt werden durch den Paraffingehalt stark beeinflußt. Der Zähigkeits—Temperatur - Verlauf eines Öles, dessen Trübungspunkt oberhalb des Stockpunktes liegt, ist nach BAADER [46] nur oberhalb des Trübungspunktes normal. Unterhalb des Trübungspunktes besteht ein System von festen Paraffinkristallen in dem noch flüssigen Ölanteil.

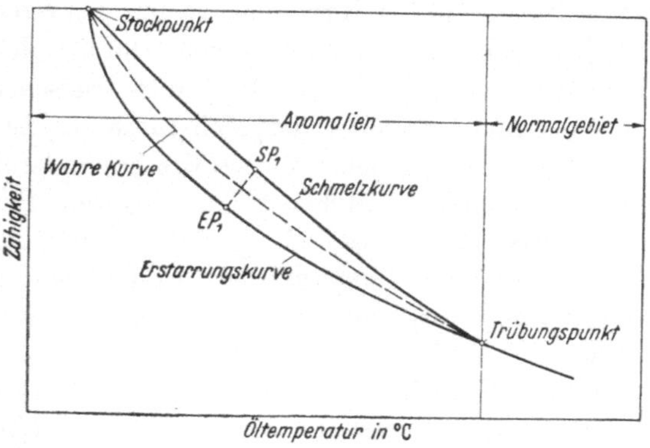

Abb. 33. Schematische Zähigkeits-Temperatur-Kurve mit Fixpunkten paraffinhaltiger Öle nach BAADER [46].

Es liegt also kein homogenes, sondern ein heterogenes System vor. Art und Menge des ausgeschiedenen Paraffins bestimmen die Struktur. Nur bei sehr hohem Paraffingehalt und starker Primärkristallisation fallen nach KRÖGER und HEDICKE [100] Trübungspunkt und Stockpunkt infolge Strukturviskosität etwa zusammen. Üblicherweise weichen sie 20 bis 50 Grad voneinander ab. Die Strukturviskosität vor dem Erreichen des eigentlichen Stockpunktes durch echte Viskositätserhöhung ist um so auffälliger, je stabiler das Paraffingerüst ist, also am stärksten bei langsamer Abkühlung und damit grober Ausbildung der Kristalle. Für das Ausscheidungsgebiet unterhalb des Trübungspunktes, in dem keine reine Flüssigkeit mehr vorliegt, gelten deshalb grundsätzlich andere Gesetzmäßigkeiten als für das Normalgebiet oberhalb des Trübungspunktes.

Die Ausscheidungen führen zu Anomalien, die sich in einer Teilung der Zähigkeitskurve in eine Erstarrungs- und eine Schmelzkurve, die sog. Zähigkeitshysterese äußern. Abb. 33 zeigt diese Zähigkeitshysterese in schematischer Darstellung nach BAADER. Die wahre Zähigkeitskurve liegt zwischen der Schmelzkurve und der Erstarrungskurve. Die Punkte auf der Erstarrungskurve (EP_1) und auf der Schmelzkurve (SP_1) erleiden gegenüber den wahren Werten eine Verschleppung, wobei die Verschleppung beim Erwärmen größer ist als beim Abkühlen. KRÖGER und HEDICKE [100] bestimmen z. B. den Trübungspunkt eines Öles zu $- 4°$ C und den Klarpunkt zu $+ 8°$ C. Deshalb ist bei allen Messungen unbedingt der Beharrungszustand abzuwarten.

Einwandfreie Zähigkeitsmessungen mit dem HÖPPLER- oder dem VOGEL-OSSAG-Viskosimeter sind nur oberhalb des Trübungspunktes möglich. Das Paraffingerüst muß mechanisch deformiert oder zerstört werden. Auch der Paraffinpelz an den Wandungen des Prüfgefäßes erhöht die Zähigkeitswerte. BAADER schlägt deshalb für das VOGEL-OSSAG-Viskosimeter einen nach Abb. 29 trichterförmigen Auslauf vor, um ein leichtes Zerfallen des Paraffingerüstes und den ungehemmten Auslauf des Öles zu garantieren.

Infolge der geschilderten Anomalien gilt auch das Zähigkeits–Temperatur-Kurvenblatt nach UBBELOHDE [57] nur im Normalgebiet oberhalb des Trübungspunktes; Extrapolationen in Gebiete unterhalb des Trübungspunktes sind daher unzulässig. Die Viskositäts–Temperatur-Gerade darf in dem vorgesehenen Arbeitsbereich der Kältemaschinenöle keinen Knick aufweisen, da er auf Paraffingehalt hindeutet. Der Knick entspricht dem Trübungspunkt des Öles. Da die Zähigkeit eines Öles von seiner thermischen Vorbehandlung abhängig ist, ist es üblich, das Öl vor der Messung kurzzeitig auf $50°$ C zu erwärmen und alle Messungen nur bei fallender Temperatur durchzuführen.

Der Stockpunkt wird durch das ausgeschiedene feste Paraffingerüst ebenfalls stark erhöht. Er wird durch das starre Paraffingitter bereits bei einer Temperatur vorgetäuscht, bei der die eigentlichen Ölkohlenwasserstoffe noch flüssig sind. Durch mechanische Zerkleinerung des ausgeschiedenen Paraffingerüstes kann die Fließfähigkeit des Öles wiederhergestellt werden. Im Verdampfer der Kältemaschinen ist jedoch nur der effektive Stockpunkt von Bedeutung, da das infolge der Paraffinausscheidungen gestockte Öl nicht vom Verdampfer in den Verdichter zurückgeführt werden kann, sondern an den Wandungen haftet. Die Stockpunktsmessungen von Kältemaschinenölen sollen deshalb — wie bereits erwähnt — nur am ruhenden, nicht gerührten Öl vorgenommen werden. Nach ROSS [3] erhöhen 4% Paraffin den Fließpunkt eines Öles von $- 23°$ C auf $- 7°$ C. Aus allen diesen Erwägungen geht hervor, daß von allen Fixpunkten für Kältemaschinenöle nur der Fließpunkt und der Trübungspunkt reale Bedeutung haben.

Die extrem niedrigen Fließpunkte der naphthenbasischen Öle lassen sich mit paraffinbasischen Ölen überhaupt nicht erreichen. Will man mit paraffinbasischen Ölen gleiche Fließ- und Trübungspunkte erzielen, so muß das Paraffin bei sehr tiefer Temperatur sorgfältig entfernt werden. Diese Zusammenhänge erklären den großen Vorzug, den die amerikanische Öl- und Kältemaschinenindustrie den naphthenbasischen Ölen als Kältemaschinenöle gibt.

F. Mineralöl und Kältemittel.

Die Wechselwirkung zwischen Öl und Kältemittel ist für die Funktion und die Lebensdauer der Kältemaschinen von wesentlicher Bedeutung. Durch die Löslichkeit von Öl und Kältemittel ineinander werden die physikalischen Eigenschaften der Öle und auch der Kältemittel verändert. Die Zähigkeit des Öles wird vermindert und der Siedepunkt des Kältemittels erhöht, so daß die Schmierfähigkeit im Verdichter nachläßt und der Druck im Verdampfer sinkt. Das angesaugte Kältemittelgewicht wird kleiner und die Kälteleistung der Maschine sinkt.

Chemische Reaktionen zwischen Ölen und den Kältemitteln führen zur Zerstörung der Öle unter Bildung ölunlöslicher Alterungsprodukte, die zu Verstopfungen und Verklebungen führen können. Gleichzeitig verringert sich die Schmierwirkung der Öle, und das Fressen bewegter Teile kann die Folge sein. Die entstehenden Reaktionsprodukte haben meist korrodierende Wirkung auf die Baustoffe der Kältemaschinen und führen zum schnellen Ausfall.

Aus diesen Gründen ist der physikalischen und chemischen Wechselwirkung zwischen Ölen und den einzelnen Kältemitteln sorgfältige Aufmerksamkeit zu widmen, ehe ein Öl zur Verwendung in einer Kältemaschine bestimmter Konstruktion mit dem vorgesehenen Kältemittel freigegeben wird.

I. Löslichkeit.

Nahezu jedes Kältemittel stellt an das mit ihm zu verwendende Öl seine speziellen Anforderungen. Gerade bezüglich ihrer Löslichkeit lassen sich jedoch einige Kältemittel gruppenweise zusammenfassen, die im Ganzen gesehen ähnliche Eigenschaften in ihrem Verhalten zeigen. So zeichnet sich die Gruppe der Kohlenwasserstoffe und ihrer Halogen-Substitutionsprodukte durch die vollkommene Mischbarkeit mit Mineralölen aus. Die zweite Gruppe der Kältemittel ist nur begrenzt in Mineralölen löslich. Ihr charakteristischster Vertreter ist das Schwefeldioxyd. Die ölunlöslichen Kältemittel stellen die geringsten Anforderungen an das zusammen mit ihnen verwendete Öl. Ammoniak und Kohlendioxyd sind die Haupttypen dieser Gruppe.

Bei allen Löslichkeitsuntersuchungen sind drei Erscheinungsformen zu beachten:

die Löslichkeit von gasförmigem Kältemittel im Öl,

die Mischbarkeit von flüssigem Kältemittel und Öl und

die Ausscheidungen aus dem Kältemittel–Öl-Gemisch.

a) Ölunlösliche Kältemittel.

Ammoniak und Kohlendioxyd sind als Flüssigkeiten in Mineralölen unlöslich. Beim Ammoniak ist lediglich zu beachten, daß es mit ungenügend raffinierten Ölen zur Emulsionsbildung neigt. Diese Emulsionsbildung kann in überfluteten Verdampfern, vor allem mit zäheren Ölen, zur Erhöhung des Siedepunktes und damit zu einer Dampfdruckerniedrigung führen. Die Folge ist eine geringere Kälteleistung der Maschine.

Gasförmiges Kohlendioxyd ist in Mineralölen unlöslich, während gasförmiges Ammoniak nach Angaben aus dem Refrigerating Data Book [17] entsprechend Abb. 34 je nach dem Druck des Kältemittels und der Öltemperatur in geringem Maße im Öl löslich ist. In Tabelle 4 ist die Löslichkeit von Ammoniakgas im Öl in Abhängigkeit vom Dampfdruck und von der Öltemperatur in Gewichtsprozenten nach neuen Messungen

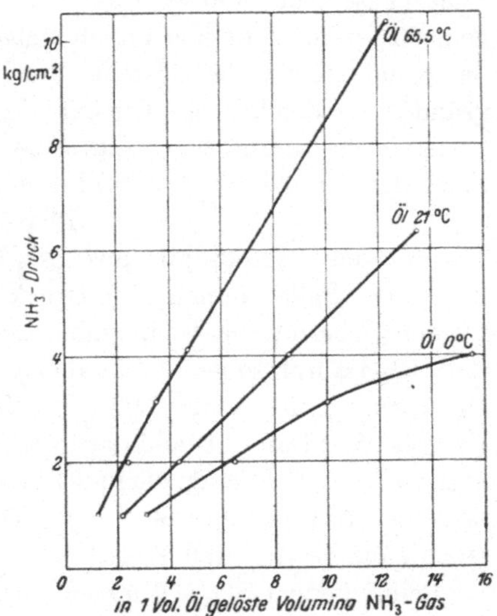

Abb. 34. Löslichkeit von Ammoniakgas in Öl in Abhängigkeit vom Kältemitteldruck für verschiedene Öltemperaturen [17].

von FRIEDMANN [106] zusammengestellt. Diese geringe Löslichkeit ist jedoch ohne Einfluß auf den Dampfdruck und den Siedepunkt des Kältemittels und beeinflußt nicht die Zähigkeit, den Stockpunkt oder das sonstige Kälteverhalten des Öles im Verdampfer.

Tabelle 4. *Löslichkeit von Ammoniakgas im Öl in Abhängigkeit vom Druck des Kältemittels und von der Öltemperatur in Gewichtsprozenten.*

Druck kg/cm²	Temperatur ° C				
	0	20	65	100	150
1	0,246	0,180	0,105	0,072	0,054
2	0,500	0,360	0,198	0,144	0,108
3	0,800	0,540	0,304	0,228	0,166
4	—	0,720	0,398	0,300	0,222
10	—	—	1,050	0,720	0,545

b) Begrenzt öllösliche Kältemittel.

Das bekannteste nur begrenzt im Öl lösliche Kältemittel ist das Schwefeldioxyd. Bringt man flüssiges Schwefeldioxyd mit Öl zusammen, so bildet sich eine SO_2-reiche und eine ölreiche Phase mit einer dazwischenliegenden breiten Mischungslücke. Zweistoffsysteme mit partieller Löslichkeit sind nicht selten. Das System Öl-Schwefeldioxyd unterscheidet sich von den meisten insofern, als Öl keine einheitliche Verbindung, sondern ein Gemisch von Kohlenwasserstoffen darstellt. Die Anzahl der Komponenten des Gemisches ist nicht bekannt, so daß das GIBBSsche Phasengesetz nicht anwendbar ist. Dieses besagt, daß in einem heterogenen System nicht alle unabhängigen Variablen (die Konzentrationen der Komponenten des Systems, die Temperatur und der Druck) beliebig geändert werden können. Die Zahl der unabhängigen Variablen oder Freiheiten ist bestimmt. Nach GIBBS ist die

Zahl der Freiheiten f = Zahl der Komponenten $n + 2$ — Zahl der Phasen p.

Besteht das System nur aus SO_2-Dampf, so ist $f = 1 + 2 - 1 = 2$. In diesem Falle können also Druck und Temperatur beliebig geändert werden; Überhitzung ist möglich. Besteht das System aus flüssigem SO_2 und SO_2-Dampf, so ist $n = 1$, aber $p = 2$. Damit ist $f = 1 + 2 - 2 = 1$. In diesem Falle ist der Dampfdruck durch die Temperatur bestimmt: Es gilt die Dampfdruckkurve. Im Schmelzpunkt bestehen die drei Phasen Dampf, Flüssigkeit und fester Körper nebeneinander. Mit $p = 3$ bei einer Komponente ist $f = 0$; Temperatur und Dampfdruck haben einen ganz bestimmten Wert.

Beim System SO_2—Öl lassen sich, wie oben erwähnt, keine exakten Angaben über die Zahl der Freiheiten machen, da die Zahl der Komponenten n unbekannt ist. Es ist deshalb möglich, daß die Zahl der Freiheiten die Konzentrationen der flüssigen Phasen offenläßt, wenn die relativen Proportionen der flüssigen Komponenten geändert werden.

PHILIPP und TIFFANY [54] stellten experimentell fest, daß die Konzentration der ölreichen und der SO_2-reichen Phase je nach dem Mengenverhältnis der beiden Flüssigkeiten im System verschieden ist. Die Zusammensetzung der SO_2-reichen Schicht variiert besonders stark, während die Zusammensetzung der ölreichen Phase nahezu konstant ist. Abb. 35 gibt das Löslichkeitsdiagramm des Zweistoffsystems Schwefeldioxyd—Öl für ein Weißöl (Flammpunkt 154° C; Fließpunkt — 28,9° C; Zähigkeit 3,4° E bei 37,8° C; spezifisches Gewicht 0,860 g/cm³ bei 15,5° C) und ein Pale Oil (Flammpunkt 165° C; Fließpunkt — 37,2° C; Zähigkeit 3,1° E bei 37,8° C; spezifisches Gewicht 0,910 g/cm³ bei 15,5° C) wieder [17, 54]. Neben den Sättigungskurven sind in Abb. 35 die Löslichkeitskurven bei konstanter Öltemperatur von 37,8° C und

60° C eingezeichnet. In diesem für die Praxis wichtigen Fall bildet sich die zweite, SO_2-reiche Phase dann aus, wenn der Dampfdruck bis zum Sättigungsdruck der Temperatur des betreffenden Systems angestiegen ist.

Aus der Abb. 35 geht hervor, daß die Löslichkeit von Schwefeldioxyd im Öl und umgekehrt vom Druck oder der Temperatur, je nach dem Raffinationsgrad der Öle, verschieden ist. Gefärbte Öle sind in Schwefeldioxyd stärker löslich als Weißöle. Ebenso ist Schwefeldioxyd in Weißöl (paraffinum liquidum) weniger löslich als in gefärbten Ölen. Während die ölreiche Phase in geringerem Maße von der Temperatur bzw. von dem Druck abhängig ist, zeigt die SO_2-reiche Phase eine stärkere Abhängigkeit der Zusammensetzung von der Temperatur. Die ölreiche Phase ist infolge des geringeren spezifischen Gewichtes der Öle leichter als die SO_2-reiche und schwimmt oben auf. Diese Trennung der beiden Schichten

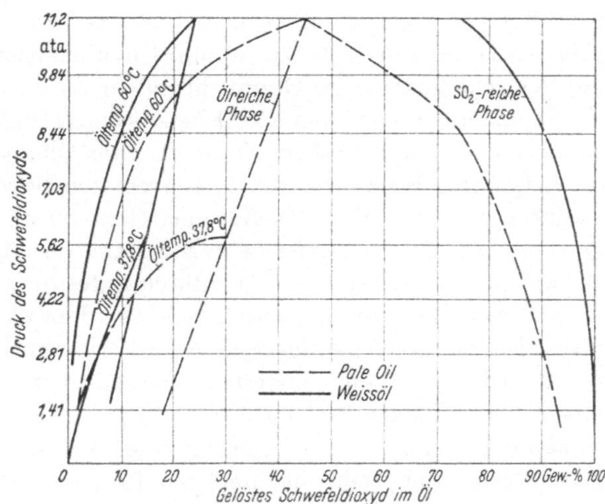

Abb. 35. Löslichkeitsdiagramm des Zweistoffsystemes SO_2-Öl für ein Weißöl und ein Pale Oil bei 37,8 und 60° C [17, 54].

bleibt beim Pale Oil bis zu einer Temperatur von 60° C bei 11,2 ata bestehen. Die Mischungslücke wird mit steigendem Druck und steigender Temperatur immer schmaler und verschwindet nach Überschreiten des kritischen Wertes bei dem betreffenden Öl vollständig. Dieser kritische Zustand tritt bei helleren, höher ausraffinierten Ölen bei höherer Temperatur und höherem Druck ein als bei dunkleren Raffinaten. Oberhalb der kritischen Temperatur sind Schwefeldioxyd und Öl in jedem Verhältnis im flüssigen Zustand mischbar. In der Kältemaschine kann die dem herrschenden Druck entsprechende kritische Temperatur der Löslichkeit vor allem bei Verwendung dunkler Öle mit ihrer an sich größeren Löslichkeit auf der Druckseite ohne weiteres überschritten werden. In diesem Falle treten grundlegend andere Erscheinungen im Verhalten organischer Baustoffe, z. B. von Gummi, im Kältemittel–Öl-Gemisch auf; auch zur Schmierung dient dann ein Gemisch von Öl und Kältemittel.

Wird das Öl gasförmigem Schwefeldioxyd ausgesetzt, so löst sich ein Teil des SO_2-Gases im Öl. Die gelöste Menge hängt von der Temperatur des Öles und dem Druck des SO_2-Gases ab. Nach einiger Zeit stellt sich ein Gleichgewichtszustand ein. Ist der Druck des Schwefeldioxydes niedriger als dem Sättigungsdruck des SO_2-Gases bei der betreffenden Temperatur entspricht, so bildet sich nur eine, und zwar die ölreiche Phase. Dieser Fall tritt immer ein, wenn überhitzter Dampf vorliegt, also z. B. im Verdichter der Kältemaschine während des Betriebes. Im Stillstand stellt sich der Sättigungsdruck ein, und es entsteht nach Sättigung des Öles mit Schwefeldioxyd die zweite, die SO_2-reiche Phase. Je niedriger die Öltemperatur ist, um so mehr SO_2-Gas kann das Öl bei einem gegebenen Druck lösen. Bei konstanter Öltemperatur sinkt die Löslichkeit des Schwefeldioxydes im Öl mit fallendem Gasdruck.

Besonders zu beachten ist die bereits in Abschnitt C I und D III ff. besprochene selektive Löslichkeit bestimmter Ölbestandteile in Schwefeldioxyd, wobei Harze, Säuren und Aromaten bevorzugt gelöst werden. Dadurch wird das Öl in SO_2-Kältemaschinen nachraffiniert. Dieser Vorgang spielt sich vorwiegend beim Stillstand der Maschine ab, wenn das Schwefeldioxyd durch das Öl hindurch unter diesem kondensiert. Beim Anlauf der Maschine verspritzt und verdampft das Schwefeldioxyd rasch. Die aus dem Öl aufgenommenen Verunreinigungen lösen sich aber nicht wieder im Öl auf, sondern werden aus dem verdampfenden Kältemittel ausgeschieden. Gelangen sie in Lager oder zwischen bewegte Teile, so können sie infolge ihrer gummiartigen Konsistenz zu Verklebungen, zum Fressen der Teile und auch zu Korrosionen führen. Aus diesem Grunde sollen in SO_2-Kältemaschinen nur hochraffinierte Öle verwendet werden, und speziell in USA wird den Edeleanu-Raffinaten aus diesem Grunde der Vorzug vor allen anderen Ölen für SO_2-Maschinen gegeben, da durch die selektive Lösungsmittelraffination mit Schwefeldioxyd bereits alle darin bevorzugt löslichen Anteile aus dem Öl entfernt sind [8].

Nach THOMPSON [62] ist Freon—22 ($CHClF_2$) im Gegensatz zu Freon—12 (CF_2Cl_2) bei tiefen Temperaturen ebenfalls nur begrenzt mit Öl mischbar. Bei den auf der Druckseite herrschenden Temperaturen tritt keine Mischungslücke auf, und infolgedessen sind Öl und Freon—22 im Verdichter und im Verflüssiger unbegrenzt miteinander mischbar. Bei den auf der Verdampferseite herrschenden, für Freon—22 charakteristischen, sehr tiefen Verdampfungstemperaturen bilden sich jedoch zwei Phasen einer ölreichen und einer kältemittelreichen Schicht wie beim Schwefeldioxyd. Es besteht also ebenfalls eine Mischungslücke, jedoch liegt der kritische Punkt wesentlich tiefer als beim System SO_2-Öl. Da das spezifische Gewicht des Freon—22 größer ist als das des Öles, schwimmt die ölreiche Phase auf dem Kältemittel. Die Temperatur, bei der sich Öl abscheidet, hängt vom Ölgehalt im flüssigen Freon-22 ab und steigt bei gleichem Ölgehalt im umlaufenden Kältemittel mit der Viskosität und dem Molekulargewicht des Öles an. Bei einer Viskosität zwischen 3 und etwa 9° E scheidet sich etwa 1% Öl zwischen −15 und −12° C aus; zwischen −7 und +18° C scheiden sich rund 10% Öl der gleichen Zähigkeiten aus. Nach SHAW und BRANDON [82] löst Freon—22 bei− 17,7° C nur etwa 5 Volumenprozent Öl.

c) Vollkommen öllösliche Kältemittel.

Die Kohlenwasserstoffe und ihre chlorierten und fluorierten Derivate mit Ausnahme des Freon—22 sind mit Ölen in jedem Verhältnis, also ohne Mischungslücke mischbar. Das Verhalten dieser Kältemittel gegenüber den Ölen ist aus ihrer Verwandtschaft mit den Ölkohlenwasserstoffen zu erklären. Zwei Kohlenwasserstoffe mischen sich im allgemeinen unbegrenzt. Nur bei sehr unterschiedlicher Struktur und bzw. oder Molekelgröße tritt beschränkte Löslichkeit mit Mischungslücke auf. Das trifft ebenso für die Fluor—Chlor-Derivate der Kohlenwasserstoffe zu, die als Kältemittel Verwendung finden. Der heute meist angewendete Vertreter dieser Gruppe von Kältemitteln ist zweifellos das Frigen (Freon—12) und in Deutschland vor allem das Methylchlorid. Die folgenden Betrachtungen gelten in gleicher Weise für die meisten anderen öllöslichen Kältemittel, nur sind die Absolutwerte gegen die für Frigen mitgeteilten Werte verschoben [9].

Der Dampfdruck der Kältemittel, die flüssig mit Öl in jedem Verhältnis mischbar sind, wird mit zunehmendem Ölgehalt immer stärker herabgesetzt, da der Siedepunkt des Gemisches steigt. Die Abhängigkeit des Dampfdruckes eines Frigen—Öl-Gemisches von der Temperatur und dem Mischungsverhältnis ist in Abb. 36 wiedergegeben.

Der Prozentsatz Kältemitteldampf, der im Öl löslich ist, hängt vom Druck des Kältemittels und der Temperatur des Öles ab. Je höher der Druck des Kältemittels und je niedriger die Temperatur des Öles ist, um so mehr Kältemittel ist löslich. Für diese Löslichkeit gilt ebenfalls der Zusammenhang nach Abb. 36. Dabei vermag ein zäheres Öl bei gleichem Druck und gleicher Temperatur

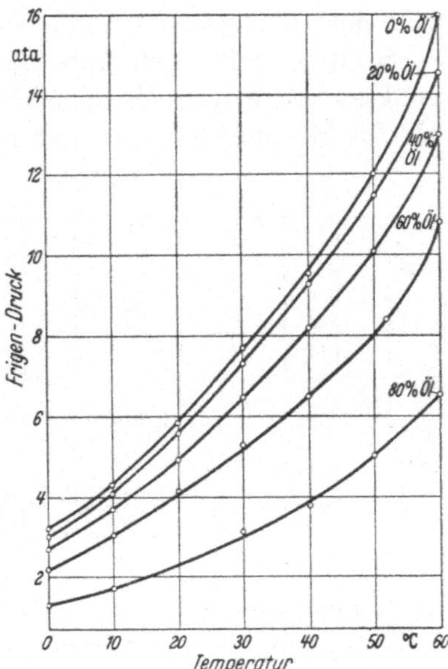

Abb. 36. Abhängigkeit des Dampfdruckes eines Frigen-Öl-Gemisches von der Temperatur und dem Ölgehalt des Gemisches. Zähigkeit des Öles 8,75° E bei 37,8° C [19].

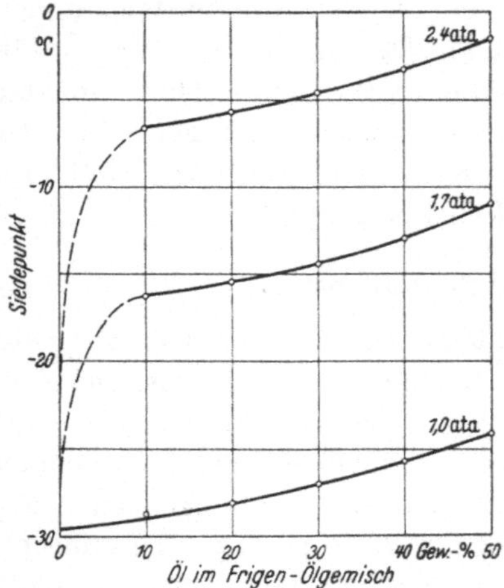

Abb. 37. Abhängigkeit des Siedepunktes eines Frigen-Öl-Gemisches bei verschiedenen Drucken [17].

meist mehr Kältemittel zu lösen als ein niedriger viskoses Öl, weil sein Siedebereich im allgemeinen höher liegt.

Bei gesättigtem Dampf ist die Begrenzung der Löslichkeit nur durch die Menge des zur Verfügung stehenden Dampfes gegeben, so daß beim Stillstand der Maschine und Abkühlen des Öles das Kältemittel im Öl kondensiert. Der Einfluß des Druckes auf die Löslichkeit von überhitztem Kältemitteldampf im Öl ist dagegen sehr gering. Infolgedessen findet während der Laufperiode der Kältemaschinen, während denen im Verdichter überhitzter Dampf vorhanden ist, keine Kondensation von Kältemittel im Öl statt.

Durch das im Kältemittel gelöste Öl steigt der Siedepunkt des Kältemittels an. In Abb. 37 ist diese Abhängigkeit unter Atmosphärendruck und für Drücke, wie sie in Verdampfern von Frigenmaschinen auftreten, nach dem Refrigerating Data Book [17] wiedergegeben.

STEINLE stellt nach Abb. 38 fest, daß die Abhängigkeit des Siedepunktes von Frigen–Öl-Gemischen vom Ölgehalt bis etwa 50% gering ist. Die Messungen decken sich mit den Angaben aus dem Refrigerating

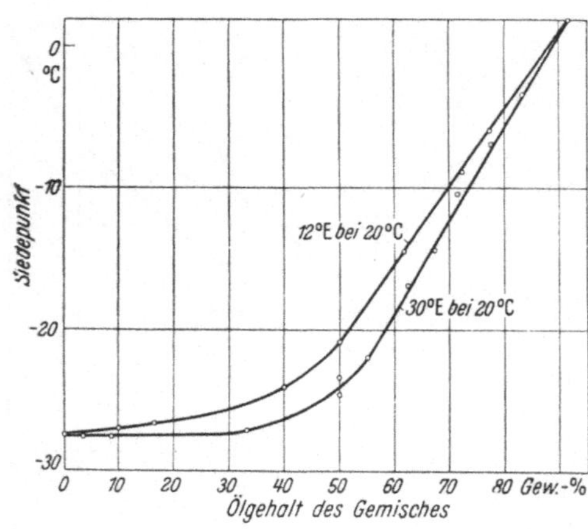

Abb. 38. Verlauf der Siedelinie bei Normaldruck für Frigen-Öl-Gemische mit zwei Ölen von 12 und 30° E bei 20° C (STEINLE).

Data Book. Oberhalb 50% steigt der Siedepunkt steil an und erreicht bei etwa 90% 0° C. Das bedeutet, daß der Ölgehalt in überfluteten Verdampfern mit Frigen 50% keinesfalls überschreiten soll. Die Siedepunktserhöhung von Methylchlorid in Abhängigkeit vom Ölgehalt zeigt Abb. 39 nach Messungen von McGOVERN [51]. Diese Siedepunktserhöhung bzw. Dampfdruckerniedrigung als Folge des im Kältemittel gelösten Öles nimmt nach Messungen der Kinetic Chemicals Inc. [63] mit wachsender Zähigkeit des Öles ab. PERLICK [59] erklärt diese mit steigender Viskosität der Öle abnehmende Dampfdruckerniedrigung durch das höhere Molekulargewicht der zäheren Öle, da die Viskosität von Ölen gleicher Herkunft mit zunehmendem mittlerem Molekulargewicht wächst. Vermutlich ist angenähert das erste Raoultsche Gesetz gültig, das zwar streng nur bei verdünnten Lösungen nicht flüchtiger Substanzen erfüllt ist. Doch liegt der Siedebereich der Schmieröle so hoch über dem der Kältemittel, daß es angenähert gelten dürfte. Danach ist die Siedepunktserniedrigung proportional dem Molenbruch (Gelöstes: Gemisch), der bei gleichem Gewichtsverhältnis mit dem Molekulargewicht des Gelösten abnimmt.

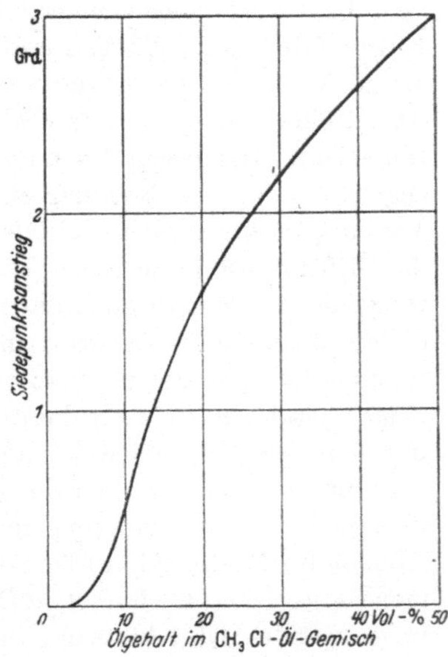

Abb. 39. Siedepunktserhöhung von Methylchlorid in Abhängigkeit vom Ölgehalt des Gemisches [51].

PERLICK hat auch den Einfluß des Öles auf die Verdampfertemperatur, den Saugdruck und die Leistung von Methylchloridmaschinen eingehend diskutiert. Die Betrachtungen gelten in gleicher Weise für Frigen und die anderen öllöslichen Kältemittel.

Bei konstantem Verdampferdruck tritt bei Anreicherung von Öl im Verdampfer ein Steigen der Verdampfungstemperatur bei praktisch gleichbleibender Leistungsaufnahme des Verdichters ein. Bei vorgeschriebener Verdampfertemperatur, die durch das Regelorgan gegeben ist, sinkt der Kältemitteldruck im Verdampfer und damit die angesaugte Dampfmenge. Damit fällt die Kälteleistung der Maschine gegenüber dem Betrieb mit reinem Kältemittel ab. Abb. 40 zeigt den Leistungsabfall im Verdampfer von Frigenmaschinen in Abhängigkeit vom Ölgehalt nach AMMEL [64]. Der Abfall der Kälteleistung nimmt etwa proportional

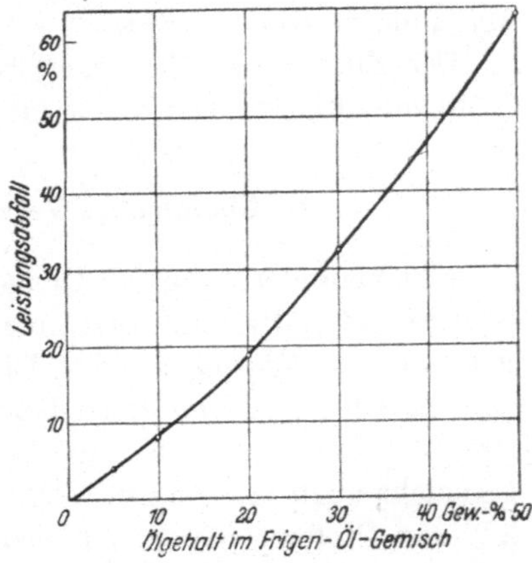

Abb. 40. Leistungsabfall im Verdampfer von Frigen-Maschinen in Abhängigkeit vom Ölgehalt im Frigen-Öl-Gemisch [64].

dem Ölgehalt im Frigen zu. Er beträgt bei 10% Öl 8% und bei 50% Öl im Frigen–Öl-Gemisch 63%. Der Druck im Verdampfer ist also niedriger als nach der Dampfdruckkurve für reines Frigen. In einem Durchlauf- oder Rohrschlangenverdampfer hat dies zur Folge, daß die Verdampfungstemperatur gegen das Ende des Verdampfers zu mit zunehmendem Ölgehalt steigt. Zur Kühlung einer großen umlaufenden Ölmenge ist im Verdampfer eine gewisse Kälteleistung erforderlich. Daneben verursacht die Ölrückführung aus dem Verdampfer ebenfalls eine Leistungsminderung, da mit dem Öl auch das in diesem gelöste Kältemittel vom Verdichter flüssig angesaugt wird und erst in der Saugleitung bzw. bei Saugraumverdichtern erst im Verdichter verdampft. Man pflegt deshalb bei Frigenmaschinen vielfach die angesaugten Dämpfe in Wärmeaustausch mit dem vom Verflüssiger kommenden Kältemittel zu bringen und kann dadurch die Leistungsziffer der Kältemaschine merklich verbessern. Die Siedepunktserhöhung beträgt nach Abb. 37 und 38 für Frigen und nach Abb. 39 für Methylchlorid bei 50 Vol.-% Öl im Verdampfer übereinstimmend etwa 3 bis 4°. Derartige Ölgehalte können aber nach PERLICK bei ungenügender Ölrückführung im Verdampfer ohne weiteres erreicht werden. Da die Siedepunktserhöhung bzw. Dampfdruckerniedrigung, wie oben mitgeteilt, mit zäheren Ölen geringer ist, empfiehlt PERLICK auch aus diesem Grunde die Verwendung von Ölen höherer Zähigkeit für vollkommen öllösliche Kältemittel. Andererseits ist zu berücksichtigen, daß die Zähigkeit des Kältemittel–Öl-Gemisches im Verdampfer von erheblichem Einfluß auf den Wärmeübergang vom siedenden Kältemittel an den Verdampfer ist. Die Wärmeübergangszahl nimmt mit steigender Zähigkeit ab, so daß bei zu starker Verölung des Verdampfers nicht nur der Dampfdruck erniedrigt wird, sondern durch den Zähigkeitsanstieg gleichzeitig der Wärmeübergang und die Kälteleistung der Maschine verringert wird.

Der Einfluß der öllöslichen Kältemittel auf die Zähigkeit und das Kälteverhalten der Öle wurde in Abschnitt E I und E II behandelt.

II. Chemisches Verhalten der Öle, Alterung.

Alle Veränderungen der Öleigenschaften im Betrieb faßt man unter dem Begriff „Alterung" zusammen; die entstehenden Produkte bezeichnet man als „Alterungsstoffe". Diese können bei gleichem Öl je nach der Art der Alterungs- bzw. Betriebsbedingungen sehr verschieden sein. Alterung der Öle wird nicht nur durch Sauerstoff hervorgerufen, sondern geschieht auch unter Luftabschluß infolge der Berührung des Öles mit anderen Stoffen. Sie macht sich durch Dunkelfärben des Öles, Ausscheiden von Ölkohle, Bildung von Teer- und Asphaltstoffen, Ansteigen der Zähigkeit und des Stockpunktes, sowie Sinken des Flammpunktes bemerkbar. Schäden an Kältemaschinen durch Ölalterung sind in großer Zahl beobachtet worden.

Für die Prüfung der Öle auf Alterung ist keine allgemein gültige Methode bekannt. Einige Einflüsse, die auf die Alterung beschleunigend einwirken, sind: Sauerstoff und Wasser, Kältemittel und einige Baustoffe, vor allem Kupfer und Eisenstaub (Gußstaub). SUIDA [6] stellt fest, daß Metalle, die leicht oxydierbar sind und deren Oxyde ohne Schwierigkeit reduziert werden können, die Alterung am stärksten fördern. Dazu gehören vor allem Kupfer und seine Legierungen. Überhitzung ist der schädlichste Faktor bei der Alterung von Ölen.

Die Alterung ändert viele chemische und physikalische Eigenschaften, die von Einfluß auf die Schmiereignung des Öles sind. Das Steigen der Viskosität, des Säuregehaltes bzw. der Neutralisationszahl, des Schlamm- und Harzgehaltes, des Kohlerückstandes und die Verfärbung dienen je nach dem Verwendungszweck als Maß für die Alterung und werden periodisch während der Prüfung gemessen. Alle Verfahren zur Bestimmung der Alterungsbeständigkeit von Ölen müssen sich den Betriebsbedingungen möglichst genau anschließen und in ihren Ergebnissen mit den in der Praxis beobachteten Erscheinungen weitgehend übereinstimmen. In den Kältemaschinen liegen aber grundsätzlich andere Betriebsbedingungen vor als in anderen Maschinen und Apparaten. Die Kältemaschinenöle sind der Einwirkung des Sauerstoffs nicht ausgesetzt; dagegen sind sie der chemischen Einwirkung der Kältemittel bei hohen Betriebstemperaturen unterworfen. Dazu kommen die Metalloberflächen mit ihrer zum Teil stark katalytischen Wirkung und in den gekapselten Kältemaschinen die elektrischen Felder, sowie die großen Oberflächen der organischen Isolierstoffe auf den elektrischen Leitern.

Bei der Alterung entstehen im Öl wasserstoffärmere Verbindungen, Wasser und organische Säuren, die den Beginn des Alterungsprozesses schnell sichtbar machen. Die Ausgangseigenschaften des Öles werden verändert. SUIDA [6] gibt einen Überblick über die Vorgänge bei der Alterung der Öle. Unter dem Einfluß von Wärme und Katalysatoren entstehen durch Polymerisation von Molekülen gleicher Art größere Molekülkomplexe. Diese hochviskosen Produkte sind zäh und klebrig und setzen die Schmiereignung herab. Sie leiten bald weitere Reaktionen ein, indem sie selbst wieder katalytisch wirken. Die Kondensation unter Austritt von Wasser und gleichzeitiger Zusammenlagerung von Molekülen führt ebenfalls zur Bildung hochmolekularer, zäher und asphaltartiger Stoffe. Kondensation findet auch unter Sauerstoffabschluß statt, ebenso bei Abwesenheit von Metallen. Die Krackung oder Destruktion führt durch Entstehen leichterer Fraktionen und koksartiger Rückstände schnell zur Unbrauchbarkeit des Öles. Die Krackung wird vor allem durch stechenden Geruch und Absinken des Flammpunktes bemerkbar.

Sie kann bei Gegenwart gewisser Metalle, z. B. Kupfer und Silber, nach
SUIDA bereits bei Temperaturen um 100° C einsetzen.

Die augenfälligsten Merkmale für den Beginn chemischer Veränderungen in einem Öl sind die Dunkelfärbung und die Entwicklung eines säuerlichen Geruches, also Steigen der Neutralisationszahl und der Verseifungszahl. Auch die Viskosität wird größer. Alle diese Eigenschaften ändern sich gleichzeitig. Schlamm- und Rückstandsbildung tritt bei fortschreitender Alterung stets auf. Es sind zähe, klebrige und asphaltartige Stoffe, die infolge Überschreitung der Löslichkeitsgrenze aus dem Öl ausgeschieden werden. Meist sind sie mit Kohlenstoff vermischt und enthalten Metallseifen. Sie scheiden sich in toten Winkeln ab. Ihre Abscheidung wird durch die Lösungsmitteleigenschaften der Kältemittel und die metallischen Baustoffe gefördert.

OESTEN [*108*] diskutiert die Möglichkeiten für die Schlammbildung in Ölen in gekapselten und offenen Kältemaschinen und seine Auswirkungen im Kältemittelkreislauf. Feuchtigkeit und fehlerhaftes Öl, sowie beide zusammen werden als die Hauptursachen für die Schlammbildung angesehen, die zu verschiedenem Aussehen und zu unterschiedlicher Konsistenz des Schlammes führen. Es wird festgestellt, daß körniger Schlamm durch Feuchtigkeit, flüssiger und gallertartiger Schlamm durch ungenügende Öle und harter Schlamm durch das Zusammenwirken beider Faktoren entsteht.

Nach SUIDA haben die vollständig mit Wasserstoff gesättigten Kohlenwasserstoffe die geringste Alterungsneigung. Dazu gehören die paraffinischen Ketten mit oder ohne Seitenketten und die Naphthenringe mit paraffinischen Seitenketten. Die Strukturformeln der einzelnen Typen seien zum besseren Verständnis im folgenden aufgeführt:

A. Unverzweigte Paraffine:

$$CH_3 - CH_2 - CH_2 - - - - - - CH_2 - CH_2 - CH_3$$

B. Verzweigte Paraffine:

$$CH_2 - CH_2 - \underset{\underset{CH_2 - CH_2 - CH_3}{|}}{CH} - CH_2 - - - CH_2 - \underset{\underset{CH_2 - CH_3}{|}}{\overset{\overset{CH_3}{|}}{C}} - CH_2 - \underset{}{CH} - CH_2 - CH_3$$

mit $\overset{\overset{CH_2 - CH_3}{|}}{}$ an der CH-Gruppe.

C. Naphthene ohne Seitenketten:

$$\begin{array}{c} CH_2 \\ \diagup \diagdown \\ CH_2 \quad CH_2 \\ | \qquad | \\ CH_2 - CH_2 \end{array} \qquad\qquad \begin{array}{c} CH_2 \quad CH_2 \\ \diagup \diagdown \diagup \diagdown \\ CH_2 \quad CH \quad CH_2 \\ | \qquad | \qquad | \\ CH_2 - CH - CH_2 \end{array}$$

D. Naphthene mit paraffinischen Seitenketten:

$$CH_3-CH \overset{\displaystyle CH_2}{\diagup\,\diagdown} CH_2$$
$$CH_2-CH-CH_2-CH_3$$

Nach dem Grad ihrer Bindung an benachbarte Radikale $R = CH_3$ unterscheidet man primäre, sekundäre, tertiäre und quaternäre Kohlenstoffatome in den Kohlenwasserstoffen:

$$R-\overset{H}{\underset{H}{C}}-H \qquad \overset{R}{\underset{R}{>}}\overset{H}{\underset{H}{C}} \qquad \overset{R}{\underset{R}{>}}C-H \qquad \overset{R}{\underset{R}{>}}C$$

primäres   sekundäres   tertiäres   quaternäres
Kohlenstoffatom

SUIDA [6] stellt fest, daß der tertiäre Kohlenstoff in den gesättigten Kohlenwasserstoffen am reaktionsfähigsten ist. An ihm greift der Sauerstoff bei der Oxydation an, und auch bei der destruktiven Alterung zerfallen die Moleküle bevorzugt an Stellen, wo tertiäre Kohlenstoffatome sich befinden.

Bei allen Alterungsvorgängen steigt nach SUIDA der Harzgehalt der Öle an, was durch Ansteigen des Gehaltes der an Bleicherde adsorbierbaren Bestandteile leicht nachzuweisen ist. Die bei der Alterung entstehenden Harze sind allgemein wasserstoffärmer als die natürlichen Harze. Ferner wird bei jedem Alterungsvorgang, an dem Sauerstoff beteiligt ist, das Freiwerden von Wasser festgestellt.

Nach Ross [3] zeigen die Pale Oils über lange Betriebszeiten eine bessere chemische Stabilität, während die Weißöle bei kurzzeitiger Überbeanspruchung große Beständigkeit haben. Ross [9] stellt ferner fest, daß die naphthenbasischen Öle weniger zur Säurebildung neigen als die paraffinbasischen Öle, unter gleichen Bedingungen aber mehr Schlamm bilden, was mit Rücksicht auf die meist zyklische Struktur der im Ölschlamm nachgewiesenen Körper verständlich ist.

a) Thermisches Verhalten der Öle.

Temperaturen über etwa 100° C wirken schädigend auf niedrig viskose Raffinate ein. Zwar sind die bei der Destillation angewendeten Temperaturen wesentlich höher, jedoch werden die gebildeten Spaltprodukte durch die nachträgliche Raffination entfernt. Als höchstzulässige Temperaturen werden bei Atmosphärendruck 100° C angesehen, während im Vakuum 60 bis 70° C nicht überschritten werden sollen [65]. Oberhalb dieser Temperaturen findet bei längerer Einwirkung stets eine thermische

Schädigung der Öle statt, die sich in der langsamen Veränderung ihrer ursprünglichen Eigenschaften ausdrückt. Thermisch bedingter Ölzerfall führt in gekapselten Kältemaschinen ohne Rücksicht auf das verwendete Kältemittel ausnahmslos zu Korrosionen, vor allem an den organischen Isolierstoffen [2] und den Druckventilen. Nach HAUN [55] sollen mit Rücksicht auf das Öl und die organischen Isolierstoffe Spitzentemperaturen von 93° C (200° F) in gekapselten Kältemaschinen nicht überschritten werden. Für CO_2-Kältemaschinen müssen Öle mit besonders guter thermischer Beständigkeit ausgewählt werden, da infolge des hohen Verdichtungsdruckes die Zylindertemperaturen dieser Maschinen sehr hoch sind [14].

Elektrische Lichtbögen und Funken entwickeln örtlich viel Wärme, die zu unzulässiger Überhitzung führt, zumal die Öle schlechte Wärmeleiter sind. Durch die Einwirkung des elektrischen Lichtbogens auf die Öle entstehen in erster Linie gasförmige Spaltprodukte, für die EVERS [65] folgende Zusammensetzung angibt:

> Ungesättigte Kohlenwasserstoffe 44,4%
> Sauerstoff 0,9%
> Wasserstoff 50,3%
> Methan 1,0%
> Stickstoff .... 3,4%.

Die ungesättigten Kohlenwasserstoffe bestehen hauptsächlich aus Azetylen. Daneben enthalten sie kleine Mengen niedriger Olefine, wie Äthylen und Propylen. Ein Kohlenwasserstoff, der selbst nicht isoliert werden konnte, dessen Bromid $C_6H_4Br_8$ jedoch erhalten wurde, tritt in Spuren auf. Er hat den auch in Kältemaschinenölen stark geschädigter Maschinen vielfach beobachteten brenzlichen Geruch nach Kaffeesatz, der meist auf das Vorhandensein von Aldehyden oder Ketonen ungesättigter Kohlenwasserstoffe hindeutet. Der charakteristische Geruch hört bald auf, da der Kohlenwasserstoff an der Luft und beschleunigt bei erhöhter Temperatur durch Polymerisation zu Schlamm wird. Dieser schwarzbraune Schlamm ist in allen Lösungsmitteln unlöslich und leicht zu filtrieren. Er besteht nicht aus reinem Kohlenstoff, sondern enthält Sauerstoff und Wasserstoff. Der Sauerstoff in direkter Bindung an den Kohlenstoff ist für Aldehyde und Ketone charakteristisch in der Gruppe $RC{\overset{\displaystyle O}{\underset{\displaystyle H}{\diagdown}}}$ bzw. $RC{\overset{\displaystyle O}{\underset{\displaystyle R}{\diagdown}}}$.

Ungenügend raffinierte Öle scheiden bei thermischer Überbeanspruchung Ölkohle aus [66], während bei gleichzeitiger Anwesenheit von Wasser gummiähnliche Alterungsprodukte entstehen.

Zu hohe Betriebstemperaturen in den Verdichtern der Kältemaschinen führen zu Reaktionen zwischen dem Öl, dem Kältemittel und den Baustoffen, die bei normalen Temperaturen nicht auftreten. Nach ROSS [9] liegt die kritische Temperaturgrenze für Öle bei 115 bis 120° C. Stäger [67] stellt fest, daß Öl, das in dünnem Film einem starken elektrischen Feld ausgesetzt wird, ölunlösliches Wachs bildet, das durch seinen eigentümlichen Geruch auffällt. Ross [3] teilt mit, daß solche Wachsbildung in gekapselten Kältemaschinen wiederholt beobachtet werden konnte. Infolge der geometrischen Verhältnisse der Feldverteilung (z. B. Spitzenwirkung und Kanteneffekt), können auch bei niedrigen Betriebsspannungen örtlich hohe Feldstärken auftreten. Durch die Anlaßkondensatoren treten Anlaßspannungen in den Feldwicklungen gekapselter Maschinen auf, die wesentlich über den Betriebsspannungen liegen können. Dabei können sich ähnliche Vorgänge abspielen wie bei der Voltolisierung. Diese bewirkt durch die Einwirkung von Glimmentladungen (Ionenstoß) die Bildung hochmolekularer Polymerisationsprodukte mit flacher Temperatur-Viskositätskurve aber sehr hoher Zähigkeit.

Überhitzung von Ölen führt stets zur Alterung unter gleichzeitiger Abspaltung von Wasser und zur Schlammbildung. Die Alterung durch Überhitzung äußert sich ebenfalls durch Anstieg der Säure- und Verseifungszahl sowie Dunkelfärbung. Bei Sättigung des Öles mit Alterungsprodukten entsteht durch Ausflockung Schlamm oder Bodensatz. Diese Schlammbildung durch Überhitzung führt in Kältemaschinen zur Erhöhung der elektrischen Leitfähigkeit der Öle und Korrosionen. Sie kann infolgedessen die primäre Ursache für den Ausfall einer Kältemaschine sein.

b) Sauerstoffbeständigkeit, Verteerung.

Die Art der Oxydationsprodukte eines Öles ist nicht nur von der Temperatur, bei der sie entstehen, sondern auch von der Vorbehandlung des Öles, insbesondere von der Art und dem Grad der Raffination, abhängig. Es entstehen bei der Oxydation sowohl öllösliche Produkte, z. B. hochmolekulare Säuren, als auch asphaltartige und teerige, ölunlösliche Produkte und hochkohliger Schlamm, dieser jedoch nur bei elektrischen Durchschlägen sowie evtl. bei stillen elektrischen Entladungen. Die sich zunächst bildenden öllöslichen Oxydationsprodukte gehen durch nachfolgende Polymerisation leicht in ölunlöslichen Schlamm über.

Der asphaltartige Schlamm schlägt sich in den Kältemaschinen, ebenso wie dies von Stäger [69] bei Transformatoren festgestellt wurde, vor allem auf den Wicklungen nieder; dort polymerisiert er in der Wärme unter gleichzeitiger Zerstörung der Gewebe, auf denen er haftet, weiter. Die entstehenden Säuren bilden Metallseifen, welche die weitere Verschlammung der Öle katalytisch stark fördern. Die frühere Annahme, daß nur die ungesättigten Kohlenwasserstoffe zur Verschlammung neigen, ist nicht richtig. Auch Öle, die keine ungesättigten Anteile enthalten, z. B. die Weißöle, verschlammen. Es ist aber nicht sicher bekannt, welche

der Ölbestandteile bei der Oxydation am leichtesten angegriffen werden
(s. Abschnitt F II). STÄGER nimmt folgenden Ablauf für die Oxydation
eines Öles an:

Zunächst entstehen durch die Sauerstoffaufnahme die Säuren, dann
erst, vermutlich durch Polymerisation, der Schlamm. Anschließend setzt
wieder die Säurebildung ein und ihr folgt wieder die Polymerisation der
gebildeten Säuren zu Schlamm. Es handelt sich demnach um einen in
Stufen verlaufenden Prozeß. Die Säuren haben zum Teil recht niedere
Siedepunkte, so daß sie im Vakuum leicht aus dem Öl zu entfernen sind.

Weißöle haben kleinere Moleküle als normale Raffinate und sind deshalb nach STÄGER [69] gegen Sauerstoff empfindlicher. SKALA [36, 70]
und SCHLÄPFER [71] stellen fest, daß das schlechte Verhalten von Regene-
raten gegen Sauerstoff nicht auf das Vorhandensein von chemisch aktiven
Alterungsprodukten zurückzuführen ist, die trotz der Regeneration im
Öl geblieben sind, sondern auf das Fehlen gewisser natürlicher Schutz-
stoffe, die dabei entfernt wurden. Als solche sind die leicht oxydierbaren
O- und S-haltigen Verbindungen harzartiger Natur anzusehen. Diese
leicht oxydierbaren Stoffe lenken den Sauerstoff zunächst auf sich und
üben damit eine schützende Wirkung auf die Ölbasis aus. Ihre Oxydationsprodukte bleiben kolloidal im Öl gelöst. Die Versuche wurden an
Isolierölen durchgeführt, und zwar mit Neuöl, gealtertem Öl, Regeneratöl
und Weißöl. An Hand von Reihenversuchen wurde der starke Einfluß
des Harzgehaltes der Öle auf die Sauerstoffbeständigkeit festgestellt. Je
höher der Ölharzgehalt der untersuchten Öle ist, um so widerstandsfähiger
ist das Öl gegen Sauerstoff bei der Verteerungszahlbestimmung nach der
VDE-Methode. Werden diese harzartigen Stoffe durch Überraffination
wie bei den Weißölen, durch natürliche Oxydation im Betrieb oder durch
Regenerierung aus den Ölen entfernt, so ist das Öl ungeschützt und wird
vor allem bei höheren Temperaturen schnell durch Oxydation zerstört.
Durch Zusatz von Neuöl bzw. von den aus Neuöl gewonnenen Harz-
stoffen in genügender Menge lassen sich die Weißöle und die ungeschütz-
ten Regenerate in sauerstoffbeständige Öle verwandeln, die den Neu-
ölen gleichwertig sind.

Alle Kurzprüfverfahren zur Bestimmung der Sauerstoffbeständigkeit
werden in der Weise durchgeführt, daß das Öl bei erhöhter Temperatur
der Einwirkung von Sauerstoff ausgesetzt wird. Es sind sehr viele Verfahren ausgearbeitet und auch angewendet worden, so daß es unmöglich
ist, hier näher darauf einzugehen. Eine ausführliche Behandlung der
Sauerstoffbeständigkeit von Ölen und der bekannten Prüfverfahren findet
sich in dem Buch „Isolieröle" der Rhenania-Ossag [37]. Bemerkenswert
ist, daß geringfügige Abwandlungen der Prüfbedingungen meist recht
erhebliche Unterschiede in den Ergebnissen mit sich bringen. Die Versuchstemperatur liegt bei den einzelnen Methoden zwischen etwa 70 und

150° C. Für einige Prüfungen wird Luft, für andere wieder reiner Sauerstoff angewendet. Ferner wird bei einigen Verfahren mit Metallen als Katalysatoren gearbeitet, während bei anderen jede katalytisch wirkende Oberfläche streng vermieden wird. Infolgedessen ist auch die Art der gebildeten Oxydationsprodukte sehr verschieden. Die Auswertung der einzelnen Teste ist im allgemeinen schon nicht ganz leicht, unmöglich ist aber vollends der Vergleich von Ergebnissen nach verschiedenen Methoden.

Die in Deutschland gebräuchlichste Methode zur Bestimmung der Sauerstoffbeständigkeit von Ölen ist die Ermittlung der Verteerungszahl nach VDE 0370/1936 [11]. Die Verteerungszahl ist die prozentuale Menge von Schlamm und Teerstoffen, die sich im Öl nach 70stündiger Erwärmung auf 120° C unter Durchleiten von Sauerstoff bildet. BRAUEN [72] stellt bei der Oxydation von Ölen mit reinem Sauerstoff bei 120° C die Bildung von 9 bis 10% Wasser als Spaltprodukt fest. Auch ohne Durchleiten von Sauerstoff wird die Bildung einer geringen Menge Wasser festgestellt.

In USA und England wird die Sauerstoffanfälligkeit der Öle mittels des Sludge-Testes [24] nach ASTM D 670—42 T und des Sligh-Oxydation-Testes [2] (F. S. B. Nr. 340. 1. 1) geprüft. Beim Sludge-Test werden 100 g Öl in Gegenwart eines Cu-Bleches $(51 \times 32 \times 0,1$ mm) als Katalysator unter Durchleiten von Luft 45 Stunden auf 150° C erhitzt, dann wird die Menge des in Benzin unlöslichen Schlammes (sludge) bestimmt. Um die Verdampfung leicht siedender Ölanteile zu vermeiden, wird mit einem Kühler gearbeitet. Beim Sligh-Oxydations-Test werden 10 g Öl in reiner Sauerstoffatmosphäre in eine Glasflasche eingeschmolzen und im Ölbad 2½ Stunden auf 200° C erhitzt. Der gebildete Ölschlamm wird abfiltriert und gewogen. Nach ROSS [48] soll die Sligh-Oxydations-Zahl zwischen 10 und 20 liegen; die obere Grenze wird nur bei genügender Raffination unterschritten, während der untere Grenzwert als Sicherung gegen Überraffination gewählt ist.

ROSS [3] verwendet ferner den Rogers-Test [68] zur Beurteilung eines Öles auf seine Oxydationsbeständigkeit. Bei Anwesenheit von Cu oder Fe wird bei 100° C feuchter Sauerstoff durch das Öl geblasen und alle 48 Stunden die Neutralisationszahl bestimmt. ROSS führt eine Reihe von Ölen an, die auf diese Weise geprüft sind. Dabei schneiden naturgemäß die Weißöle am schlechtesten ab. Sie weisen nach diesem Test Neutralisationszahlen bis zu 37,8 auf, während die Pale Oils nur Werte bis zu 0,1 ergeben.

Auf Grund dieser erhöhten Säurebildung der Weißöle bei der Prüfung auf Sauerstoffbeständigkeit werden die Weißöle in USA von einer großen Anzahl von Autoren als Kältemaschinenöle abgelehnt. Die Sauerstoffbeständigkeit wird der Kältemittelbeständigkeit gleichgesetzt und als die wichtigste Voraussetzung für das gute Verhalten eines Öles in der Kältemaschine angesehen (7, 9, 51, 66], vor allem mit Rücksicht auf die verlangte hohe Lebensdauer des Öles und der Kältemittel in den Maschinen. Die Sauerstoffbeständigkeit wird als leicht bestimmbares Maß für die allgemeine chemische Reaktionsfähigkeit eines Öles angesehen.

McGovern stellt fest, daß die wasserhellen, höchstraffinierten Öle in Kältemaschinen am beständigsten sind, dann folgen die schwach gelb gefärbten Öle. Dunkler gefärbte Öle sollen nach seiner Ansicht als Kältemaschinenöle nicht verwendet werden [51].

Ross [7, 9, 48] weist darauf hin, daß Weißöle zunächst gegen die Einwirkung des Sauerstoffs sehr widerstandsfähig sind, nach einer gewissen Induktionszeit aber besonders schnell zerfallen. Sie bilden dann insgesamt in kurzer Zeit mehr Schlamm als die Pale Oils und auch größere Menge hochkorrosiver Säuren.

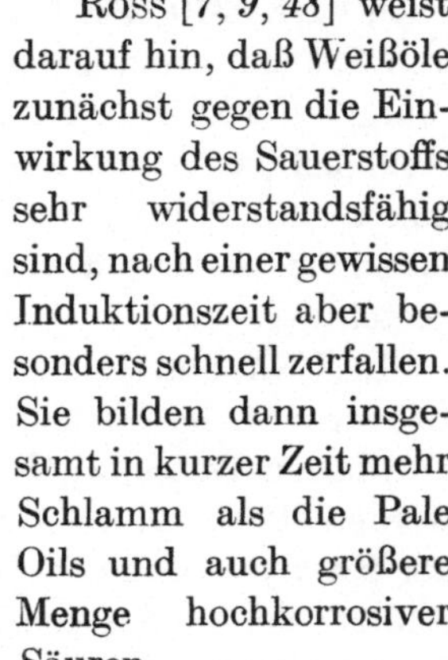

Abb. 41. Zusammenhang zwischen Ölharzgehalt und Verteerungszahl nach VDE (untere Kurve) bzw. SO₂-, Frigen- und Methylchlorid-Beständigkeit von Ölen beim Philipp-Test (obere Kurve) nach STEINLE [105].

Während des Oxydationsprozesses eines Öles steigen seine Farbe, die Zähigkeit, die Neutralisationszahl und die Kokszahl bei gleichzeitigem Absinken seiner Schmierfähigkeit. Das sauer gewordene Öl wirkt stark korrodierend und greift vor allem organische Isolierstoffe an.

Musgrave [2] wendet den Stäger-Test zur Bestimmung der Alterungsbeständigkeit eines Öles an. Das Öl wird zusammen mit einem polierten Cu-Blech von $100 \times 10 \times 0,1$ mm 72 Stunden auf 120° C erhitzt. Bestimmt wird der gebildete Schlammanteil und der Kupferstreifen qualitativ auf Schwefel geprüft. Es wird also nicht die Sauerstoffempfindlichkeit, sondern die Kupferempfindlichkeit des Öles festgestellt.

Nach Philipp und Tiffany [54], Evers [8] und Steinle [12] ist die Oxydationsbeständigkeit von Kältemaschinenölen von untergeordneter Bedeutung, da die Öle in der Kältemaschine niemals der Einwirkung des Sauerstoffes ausgesetzt sind. Die Erfahrungen haben gezeigt, daß die Weißöle gerade dem Schwefeldioxyd als dem aggresivsten Kältemittel gegenüber am beständigsten sind [12] und sich auch im praktischen Betrieb gut bewährt haben, während sie nach Abb. 41 die geringste Beständigkeit gegenüber Sauerstoff aufweisen. Die Verteerungszahl fällt also mit steigendem Harzgehalt stark ab [36, 71, 105].

Die Oxydation der Öle nimmt mit steigender Temperatur stark zu und ist nach HASLAM und FRÖHLICH [73] bei reinem Sauerstoff fünfmal so stark wie bei Luft. Wasser wirkt bei 130° C nicht beschleunigend auf die Oxydation von Ölen ein. Bei Abwesenheit von Sauerstoff werden Viskosität und Neutralisationszahl von Ölen nicht verändert [73].

Als Oxydationsinhibitoren werden den Ölen in USA vielfach Schwefel-, Zinn-, Arsen- und auch Hydroxylverbindungen oder Amine zugesetzt [9]. Da der Einfluß auf die Beständigkeit aber nur sehr gering ist und nur die Induktionsperiode etwas verlängert wird, werden sie zur Verwendung in Kältemaschinenölen abgelehnt [7]. Außerdem sind diese Inhibitoren chemisch meist weniger stabil als die Ölkohlenwasserstoffe. Sie können in den Kältemaschinen im Laufe des Betriebes zu Störungen führen [9].

III. Chemische Reaktionen zwischen Ölen und den Kältemitteln.

Alle in den letzten Abschnitten beschriebenen Vorgänge im Öl, die üblicherweise unter dem Sammelbegriff Alterung zusammengefaßt werden, treten in den Kältemaschinen zurück gegen die chemischen Reaktionen zwischen dem Öl und einem Teil der für Kleinkältemaschinen gebräuchlichen Kältemittel. Bei diesen Reaktionen zwischen Öl und Kältemittel sind die Temperatur und die Baustoffe als beschleunigende Faktoren beteiligt, während der Luftsauerstoff, wie bereits erwähnt, ausgeschlossen ist. Aus den Ergebnissen der üblichen Verfahren zur Prüfung der Alterungsbeständigkeit, bei denen meist Sauerstoff als wirksames Agens dient, kann deshalb nicht auf das vermutliche Verhalten der Öle in den Kältemaschinen geschlossen werden. Schon aus der chemischen Verschiedenheit der Kältemittel ergibt sich die Notwendigkeit, die Prüfmethoden zur Auswahl der Öle den Betriebsbedingungen so weit wie irgend möglich anzupassen. Stabilität und geringes chemisches Reaktionsvermögen der Öle unter den in der Kältemaschine herrschenden Bedingungen sind vor allem für die Lebensdauer gekapselter Maschinen von ausschlaggebender Bedeutung. Wegen der erforderlichen chemischen Stabilität der Kältemaschinenöle dürfen nach Entwurf DIN 6553, Kältemaschinenöle, vom Juni 1950 [102] nur Raffinate verwendet werden. Unerlaubte Fettölzusätze machen sich in hoher Verseifungszahl bemerkbar. Sie sind tierischen oder pflanzlichen Ursprunges und sehr reaktionsfähig.

a) Schwefeldioxyd-Beständigkeit der Öle.

Die Einführung des Schwefeldioxyds als Kältemittel für die gekapselten Kleinkältemaschinen stellte die chemische Wechselwirkung zwischen Öl und Kältemittel in den Vordergrund. Die bekannte Schwarzfärbung des Öles und die Bildung von Schwefelkrusten im Dampfraum

Abb. 42. Korrosionen und Schwefelausscheidungen im Verdichter einer gekapselten Versuchskältemaschine bei Verwendung von Öl mit 1,6% Ölharz und von Schwefeldioxyd als Kältemittel.

an den Wandungen der Verdichter nach Abb. 42 ist den Herstellern derartiger Maschinen nur zu gut bekannt, ohne daß man sich zunächst die Ursache dieser Erscheinungen erklären konnte. Hohe Betriebstemperaturen wurden bald als ein die Reaktion außerordentlich fördernder Faktor festgestellt [74]. In Deutschland traten diese Störungen während des Krieges und in den ersten Nachkriegsjahren in verstärktem Maße auf, als keine hochwertigen Raffinate für die SO_2-Kältemaschinen mehr zur Verfügung standen. Früher war es in Deutschland üblich, für SO_2-Maschinen fast ausschließlich Weißöle zu verwenden. Infolge der Schwierigkeiten, geeignete Öle zu beschaffen, sah man sich mehr und mehr gezwungen, zur Aufrechterhaltung der Fertigung von Kältemaschinen auch gefärbte, dunklere Raffinate zu verwenden. Seit dieser Zeit häuften sich die Störungen und Ausfälle von SO_2-Kältemaschinen in erschreckendem Maße. Die Qualität und Reinheit des Kältemittels unterlag keinerlei unzulässigen Schwankungen und wurde von den bekannten Firmen laufend kontrolliert.

PHILIPP und TIFFANY [54] haben als erste die chemische Wechselwirkung zwischen Schwefeldioxyd und Ölen bei den in Kältemaschinen herrschenden Betriebsbedingungen untersucht und festgestellt, daß Schwefeldioxyd mit Ölen unter Druck und bei erhöhter Temperatur unter Verkoken des Öles und Bildung der beobachteten Schwefelkrusten reagieren kann. Sie stellten fest, daß hellere Öle und vor allem die Weißöle gegen Schwefeldioxyd beständiger sind als die dunkleren Raffinate. Das Prüfverfahren der genannten Autoren wurde von STEINLE [12] als Philipp-Test zur Untersuchung einer großen Anzahl handelsüblicher Öle in der in Abb. 43 gezeigten Art angewendet.

Ein dickwandiges U-Rohr mit einem Abstand von 250 mm zwischen den Schenkeln aus Durobax- oder Duranglas mit

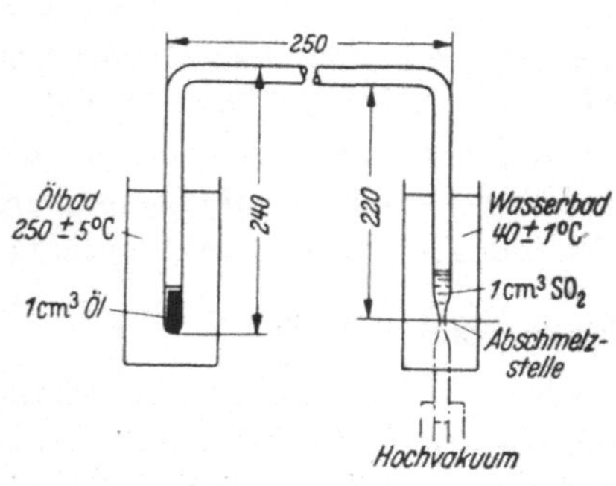

Abb. 43. Anordnung zum Philipp-Test [12, 54].

6 mm lichter Weite wird an einer Seite 240 mm lang abgeschmolzen und
an der anderen Seite zu einer Kapillare zum Abschmelzen ausgezogen.
Dann wird etwa 1 cm³ des zu untersuchenden Öles eingefüllt. Anschließend wird im Wasserbad auf 100° C erwärmt und ½ Stunde am Hochvakuum abgesaugt. Nach dreimaligem Füllen mit SO_2-Gas und Evakuieren wird unter Kühlung mit Trockeneis 1 cm³ Schwefeldioxyd
eindestilliert und der zweite Schenkel auf 220 mm Länge abgeschmolzen.

Der Schenkel
mit dem Öl wird
in ein Bad von
250 ± 5° C, der
mit dem Schwe-
feldioxyd in ein
solches von 40
± 1° C einge-
taucht. Mit der
Farbskala wird
nach 24 und 48
Stunden Prüf-
zeit die Farbe
des Öles be-
stimmt.

Auf Grund
der praktischen
Erfahrungen
mit Ölen in
SO_2 - Kältema-
schinen stellte

Abb. 44. Philipp-Test-Proben von Ölen mit Schwefeldioxyd nach 48 Stunden Prüfzeit [12].

STEINLE [12] fest, daß ein Öl gut SO_2-beständig ist, wenn es sich
nach 24 Stunden Prüfzeit um weniger als zwei Farbtöne verfärbt
und wenn Ölkohle und Schwefelausscheidungen nicht vor 48 Stunden
Prüfzeit auftreten. Öle, die selbst innerhalb 48 Stunden nicht um mehr
als zwei Farbtöne dunkeln, werden als sehr gut SO_2-beständig bezeichnet.
Die Zerfallserscheinungen mit SO_2-unbeständigen Ölen sind in den
Kältemaschinen und im Philipp-Test, wie aus Abb. 44 ersichtlich ist, die
gleichen. Alle vier Öle sind gleichmäßig 48 Stunden geprüft. Die Ölkohle-
und Schwefelausscheidungen bei der einen Probe sind deutlich sichtbar,
während die anderen Öle nur gedunkelt sind.

STEINLE [12] hat die Farbe der Öle im Philipp-Test von 4 zu 4 Stunden
bestimmt und sie graphisch gegen die Prüfzeit und den Ölharzgehalt der
einzelnen Öle aufgetragen. Abb. 45 gibt diese Messungen wieder. Je nach
der Farbe und dem Ölharzgehalt setzt nach einer gewissen Standzeit, die
als Induktionsperiode bezeichnet wird, ein schneller Zerfall der Öle unter

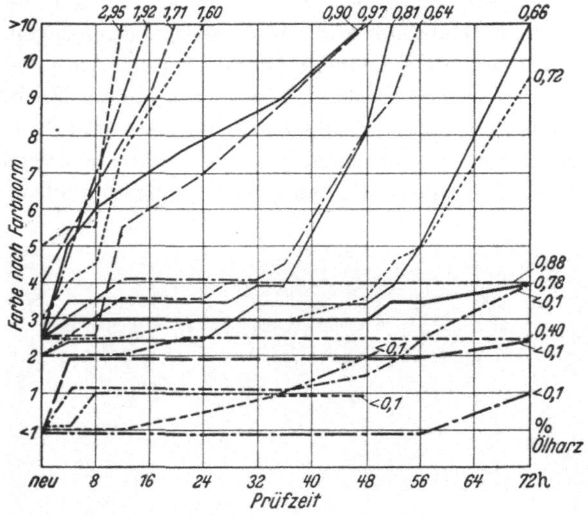

Abb. 45. Farbänderung von Ölen im Philipp-Test mit Schwefeldioxyd in Abhängigkeit von der Prüfzeit und dem Ölharzgehalt [12].

gleichzeitiger Reduktion des Schwefeldioxyds bis zum reinen Schwefel ein. Nach Einsetzen der Reaktion verfärben sich die Öle alle etwa gleich schnell bis tiefschwarz. Bei den hellen Ölen ist die Induktionsperiode, die als die eigentliche SO_2-Beständigkeit bezeichnet werden kann, groß, während sie bei den dunklen Ölen mit steigendem Ölharzgehalt immer kürzer wird. Die gleiche Abhängigkeit ergibt sich nach Abb. 46 auch mit einem Öl, dem abgestufte Gehalte von Ölharz zugesetzt sind. Damit ist die Abhängigkeit der SO_2-Beständigkeit des Öles von seinem Ölharzgehalt, der nach dem erweiterten NOAK-Verfahren (Abschnitt D II) ermittelt ist, eindeutig erwiesen. Abb. 41 zeigt die Abhängigkeit der Zerfallszeit von Ölen in Stunden im Philipp-Test bei 250° C vom Ölharzgehalt in Prozent. Auf Grund der von STEINLE [12] erhobenen Forderung, daß ein gutes SO_2-Kältemaschinenöl im Philipp-Test nicht vor 48 Stunden Prüfzeit unter Ölkohleausscheidung und Schwefelbildung zerfallen darf, ergibt sich der höchstzulässige Ölharzgehalt nach Abb. 41 zu etwa 1%.

Die Trikomponente des Gesamtharzes (vgl. Abschnitt D II) ist ohne Einfluß auf die SO_2-Beständigkeit der Öle, während das Ölharz, nach dem erweiterten NOAK-Verfahren bestimmt, alle SO_2-unbeständigen Anteile der Öle erfaßt. STEINLE hat Öle mit hohem Harzgehalt, die nur wenige Stunden SO_2-bestän-

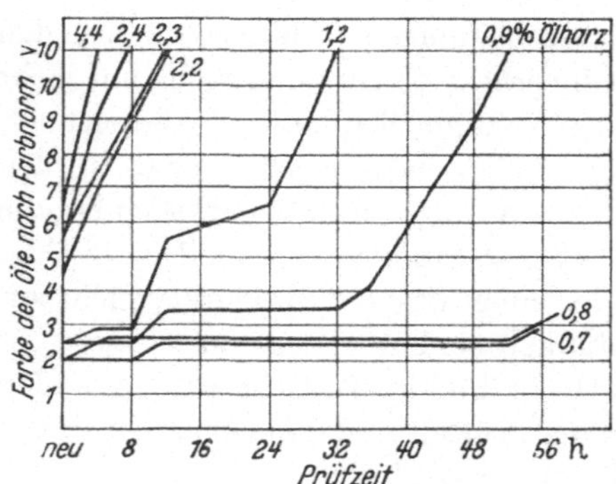

Abb. 46. Abhängigkeit der SO_2-Beständigkeit eines Öles im Philipp-Test von der Zeit und vom Gehalt an zugesetztem Ölharz [12].

dig sind, mit Bleicherde nach dem erweiterten NOAK-Verfahren entharzt und sie dann dem Philipp-Test unterworfen. Diese Öle erwiesen sich immer als sehr gut SO_2-beständig und zeigten selbst innerhalb etwa 100 Stunden Prüfzeit praktisch keine Veränderung der Farbe.

Die Untersuchungen von STEINLE zeigen, daß sich die Öle gegenüber der chemischen Einwirkung des Schwefeldioxyds umgekehrt verhalten wie gegenüber dem Sauerstoff. Während SKALA [36] und SCHLÄPFER [71] feststellten, daß die Sauerstoffbeständigkeit der Öle mit zunehmendem Ölharzgehalt zunimmt, nimmt die SO_2-Beständigkeit mit steigendem Ölharzgehalt sehr stark ab. Der Zusammenhang zwischen Ölharzgehalt, Schwefeldioxyd-Beständigkeit und Verteerungszahl ist in Abb. 41 graphisch dargestellt. Damit ist die Unzweckmäßigkeit der Feststellung der Oxydationsbeständigkeit der Kältemaschinenöle als Maßstab für das chemische Verhalten in der mit Schwefeldioxyd betriebenen Kältemaschine erbracht. Die Versuche erhärten gleichzeitig die vor allem in Deutschland und zum Teil auch in USA gemachten Erfahrungen, daß die Weißöle in den Kältemaschinen sehr gute chemische Stabilität zusammen mit den Kältemitteln gezeigt haben [51, 54, 75].

Die große Empfindlichkeit der Öle gegenüber Schwefelverbindungen jeder Art und speziell gegenüber dem Schwefeldioxyd bei erhöhter Temperatur wird von vielen Autoren festgestellt. Aus diesem Grunde werden für SO_2-Maschinen nur bestens ausraffinierte Öle mit einem Eigenschwefelgehalt unter 0,2% gefordert [9, 51, 55].

Alle Reaktionen zwischen Schwefeldioxyd und Ölen im Philipp-Test spielen sich im vollständig trockenen Zustand ohne jede Beeinflussung durch katalytisch wirkende Stoffe ab. Der Reaktionsmechanismus ist im einzelnen bis heute noch nicht geklärt. Fest steht, daß die Hauptreaktion offensichtlich nicht in der Flüssigkeit, sondern an der Grenzschicht der Flüssigkeit gegen den Gasraum stattfindet. Darauf wird auch von ROSS [9] hingewiesen. Als Folge davon treten die hauptsächlichsten Reaktionsprodukte, Ölkohle uud Schwefel, wie aus Abb. 44 ersichtlich ist, oberhalb der Flüssigkeit auf. PHILIPP und TIFFANY [54] erklären die starke Reaktionsfähigkeit des Systems SO_2—Ölkohlenwasserstoffe aus der negativen Energiebilanz der Reaktionen zwischen Schwefeldioxyd und Kohlenwasserstoffen, so daß die Reaktionen selbst bei Zimmertemperatur ohne besonderen Anstoß langsaɯ anlaufen können. Das würde bedeuten, daß jedes Öl im Laufe der Zeit mit Schwefeldioxyd zur Reaktion kommen muß, vor allem dann, wenn man die hohen Betriebstemperaturen in den Kältemaschinen berücksichtigt. ROSS [9] hebt diese Tatsache, daß selbst die besten Öle im Laufe der Zeit ɯit gasförmigem Schwefeldioxyd reagieren, besonders hervor. Die Texas-Company [61] verlangt, daß ein SO_2-Kältemaschinenöl im Philipp-Test bei Temperaturen bis 150° C keinerlei Veränderungen zeigt. Nach Abb. 47 läuft die Reaktion zwischen

Schwefeldioxyd und Ölen mit mehr als 1% Ölharz im Philipp-Test bei
150° C in etwa ebensoviel Tagen wie bei 250° C in Stunden ab. Das Ergebnis mit der Dunkelfärbung sowie der Schwefelkrusten- und Ölkohle-
bildung ist das gleiche. Selbst bei 100° C sind nach 1 bis 2 Monaten die
ersten Farbänderungen um einige Stufen der Farbskala feststellbar [105].

Verschiedentlich wurden Bedenken wegen der hohen Versuchstemperatur von 250° C beim Philipp-Test geäußert, die zum Zerfall des Öles
ohne eigentlichen Einfluß der Kältemittel führen könne. STEINLE [12, 105]
hat gezeigt, daß die Öle unter Hochvakuum in Philipp-Test-Rohren bei
vollkommener Abwesenheit von Stoffen, die mit den Ölen reagieren oder katalytisch auf sie einwirken können, während 72 Stunden bei 250° C keinerlei
Veränderung erfahren. Nach Abb. 47 zeigte ein Öl mit 1,92% Ölharz bei 150° C
ohne Kältemittel über 80 Tage keine Farbänderung. Neutralisationszahl, Verseifungszahl und Ölharzgehalt waren nach dieser Zeit absolut unverändert,
während gerade der Ölharzgehalt beim Philipp-Test

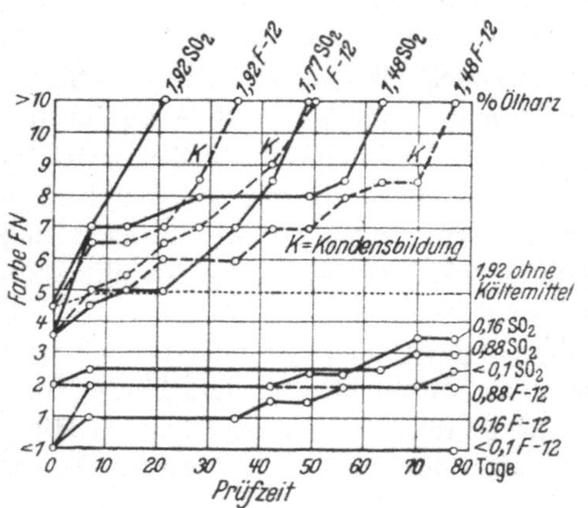

Abb. 47. Farbänderung von Ölen mit verschiedenem Ölharzgehalt im Philipp-Test mit Schwefeldioxyd und
Frigen bei 150° C [105].

mit Schwefeldioxyd sehr schnell ansteigt, wenn die Dunkelverfärbung
eingesetzt hat. Auch ROGERS [68] stellt fest, daß Mineralöle bei vollkommener Abwesenheit von Sauerstoff thermisch sehr stabil sind.

Während also das Öl durch die hohe Versuchstemperatur allein im
Philipp-Test bei 250° C nicht geschädigt wird, ist der Einfluß der Temperatur auf die Geschwindigkeit des Reaktionsablaufes mit dem Kältemittel erheblich. Das zeigen die Versuche von STEINLE [105] bei 150 und
100° C. Abb. 45 und Abb. 47 zeigen den Unterschied der Reaktionsgeschwindigkeit bis zum Zerfall bei 250 und 150° C. Selbst bei 100° C findet
im Philipp-Test zwischen den Kältemitteln und harzreichen Ölen nach
Tabelle 5 noch eine merkliche Reaktion innerhalb von einigen Monaten
statt. Zu berücksichtigen ist, daß alle diese Reaktionen in den Kältemaschinen durch die katalytische Wirkung der Baustoffe und durch Spuren
von Verunreinigungen noch beschleunigt werden. Wasser und vor allem
Fette beschleunigen die Reaktionen besonders stark. Temperaturen von
100° C und darüber treten in Kleinkältemaschinen an Druckventilen, vor
allem beim Betrieb mit Schwefeldioxyd als Kältemittel, ohne weiteres auf.

Tabelle 5.
Ölharzgehalt und Farbänderung von Ölen im Philipp-Test mit SO_2
und CF_2Cl_2 (F—12) bei 100° C.

	Ölharz %	Farbe nach Prüfzeit (M = Monate)									
		neu	1 M	2 M	3 M	4 M	5 M	6 M	7 M	8 M	
SO_2	2,86	4	6—7	7—8	7—8	7—8	8	8	8—9	>10	S
CF_2Cl_2		4	5	5	5	5 K	6 K	6—7	6—7	8	Cl
SO_2	1,77	4	6	6	6	6	6—7	6—7	7	7	
CF_2Cl_2		4	4	4	4	4 K	5	5	5—6	6	Cl
SO_2	0,88	2	2—3	2—3	2—3	2—3	2—3	2—3	2—3	2—3	
CF_2Cl_2		2	2	2	2	2	2	2	2	2	
SO_2	0,16	< 1	1	1	2—3	2—3	2—3	2—3	2—3	2—3	
CF_2Cl_2		< 1	< 1	< 1	< 1	< 1	< 1	< 1	< 1	< 1	

K = Kondensation; Cl = Chlor; S = Schwefel.

Praktisch unverändert bleiben auch im Philipp-Test bei 100° C nur die Öle mit Ölharzgehalten unter 1%, während bei höheren Ölharzgehalten die Bildung der Spaltprodukte bereits nach etwa 4 Monaten nachweisbar und am Ansteigen der Farbe des Öles sichtbar wird. Die geringe Lebensdauer der gekapselten Kältemaschinen mit ihren empfindlichen elektrischen Teilen im Kältemittelkreislauf bei Verwendung von harzreicheren Ölen wird nach diesen Ergebnissen verständlich.

Da nach den vorangegangenen Ausführungen selbst vollkommen trockenes Schwefeldioxyd solche Öle, die unter anderen Betriebsbedingungen als chemisch und thermisch sehr stabil anzusehen sind, stark angreift, ist es nur natürlich, daß alle diese Reaktionen bei Gegenwart kleiner Mengen Feuchtigkeit durch die auftretende Säurebildung stark gefördert werden. Die Säuren führen zusätzlich zur Bildung von Säureharzen [76], ähnlich wie bei der Raffination mit Schwefelsäure [75].

Abschließend sei noch erwähnt, daß im Philipp-Test bei 250° C auf der Ölseite die Bildung von Schwefelsäure vom Verfasser mehrfach nachgewiesen werden konnte. Eine wasserhelle Flüssigkeit erscheint über dem Öl, wenn das Öl selbst in eine asphaltartige Masse übergegangen ist, die beim Abkühlen auf Zimmertemperatur erstarrt. Die Flüssigkeit konnte stets als eine 7- bis 8%ige wäßrige Lösung von Schwefelsäure durch Fällen der Sulfationen mittels Bariumchloridlösung identifiziert werden. SUIDA [6] teilt mit, daß Wasser bei jedem Alterungsvorgang von Ölen frei wird, an dem Sauerstoff beteiligt ist. Der Sauerstoff kann im Philipp-Test nur aus dem Schwefeldioxyd stammen, das, wie oben mitgeteilt, bis zum Schwefel reduziert wird. Die bei der Reaktion Schwefeldioxyd—Öl entstehende Schwefelsäure greift die organischen Isolierstoffe in den gekapselten Kältemaschinen stark an und verkohlt sie unter Abspaltung von Wasser. Die Isolierfähigkeit geht dadurch verloren, und es kommt zu elektrischen Überschlägen zwischen den Windungen der Spulen oder gegen Masse. Damit fällt die Kältemaschine aus.

Nach einer privaten Mitteilung des Herrn Dr. SEEMANN in Firma Deutsche Shell AG. besteht nach orientierenden Versuchen ein Zusammenhang zwischen der Kältemittel-Beständigkeit der Öle im Philipp-Test und dem Kohlerückstand bei der Ramsbottom-Verkokung (vgl. Abschnitt D IX). Die Kältemittel-Beständigkeit der Öle mit niedrigem Verkokungsrückstand ist besser als bei hohem Rückstand. Da die Kältemittel-Beständigkeit nur vom Ölharzgehalt der Öle abhängig ist, ergibt sich somit auch eine Abhängigkeit des Kohlerückstandes bei der Ramsbottom-Verkokung vom Ölharzgehalt. Einige Beispiele sind in Tabelle 6 zusammengestellt.

Tabelle 6.

Ölharzgehalt, Ramsbottom-Kohlerückstand und Kältemittel-Beständigkeit von Ölen.

Ölharz %	Ramsbottom-Kohlerückstand %	Kältemittel-Beständigkeit in Stunden	
		mit SO_2	mit CF_2Cl_2
$< 0,1$ W	0,04	über 120	über 240
$< 0,1$ W	0,04	über 96	—
$< 0,1$ W	0,04	192	216
0,1 W	0,02	240	—
0,40	0,05	über 72	192
0,46	0,08	—	—
0,48	0,09	—	—
0,50	0,09	—	—
0,50	0,10	—	—
0,64	0,09	120	144
0,72	0,11	über 76	—
0,78	0,13	—	—
0,80	0,16	—	—
0,86	0,06	216	192
0,88	0,11	168	192
0,92	0,15	—	—
1,18	0,11	48, 72	72
1,60	0,13	24, 28	—
1,62	0,15	24, 48	—
1,71	0,15	20, 28	48
1,77	0,15	12, 24	24

Die mit (W) bezeichneten Öle sind Weißöle.

b) Chemisches Verhalten von Kohlenwasserstoffen und deren Derivaten gegen das Schmiermittel.

Die Kohlenwasserstoffe und ihre chlorierten und fluorierten Derivate haben in den letzten Jahrzehnten mehr und mehr Bedeutung als Kältemittel gewonnen. Die stufenweise Chlorierung bzw. Fluorierung ermöglicht es, die physikalischen Eigenschaften dieser Kältemittelgruppe in so weiten Grenzen zu variieren, daß aus dieser Gruppe von Kältemitteln ein für jeden gewünschten Arbeitsbereich passendes Kältemittel ausgewählt werden kann.

Die reinen Kohlenwasserstoffe haben gegenüber den Freonen an Verbreitung stark eingebüßt und werden heute nur noch für einige Spezialfälle verwendet, z. B. zur Erzielung sehr tiefer Verdampfertemperaturen. Die Brennbarkeit der reinen Kohlenwasserstoffe und ihre weiten Explosionsgrenzen im Gemisch mit Luft haben die stärkere Verwendung dieser in chemischer Hinsicht idealen Kältemittel verhindert.

1. **Kohlenwasserstoffe** (Äthan, Propan, Isobutan). Von den reinen Kohlenwasserstoffen ist nur eine kleine Anzahl aus der Gruppe der gesättigten Kettenkohlenwasserstoffe (auch Grenzkohlenwasserstoffe genannt) als Kältemittel gebräuchlich. Sie haben die allgemeine Formel C_nH_{2n+2} der Methanreihe. Es sind:

$$\text{Äthan, } C_2H_6 \;\ldots\ldots\text{normaler Siedepunkt } -88{,}5° \text{ C,}$$
$$\text{Propan, } C_3H_8 \;\ldots\ldots\text{normaler Siedepunkt } -44{,}5° \text{ C,}$$
$$\text{Isobutan, } C_4H_{10} \;\ldots\text{normaler Siedepunkt } -12{,}05° \text{ C.}$$

Die schwereren Kohlenwasserstoffe haben zu hohe Siedepunkte und sind als Kältemittel nicht verwendbar.

Die genannten, als Kältemittel verwendeten reinen Kohlenwasserstoffe sind mit den in den Schmierölen vorkommenden Kohlenwasserstoffen verwandt und diesen gegenüber chemisch sehr stabil. Sie reagieren mit den Ölen, selbst bei Gegenwart von Wasser, nicht und bilden mit Wasser auch keine korrodierenden Zerfallsprodukte. Sie stellen chemisch von allen Kältemitteln die geringsten Anforderungen an die Öle, mit denen sie infolge ihrer Verwandtschaft lückenlos mischbar sind.

2. **Fluor–Chlor-Derivate** (Methylchlorid, Methylenchlorid, Freone–Frigen). Von den Halogenderivaten sind als Kältemittel nur die Derivate des Methans und des Äthans gebräuchlich. Methylchlorid (CH_3Cl) und Methylenchlorid (CH_2Cl_2) sowie Äthylchlorid (C_2H_5Cl) sind schon seit langem als Kältemittel angewendet worden. Noch verhältnismäßig neu sind dagegen die Fluor–Chlor-Derivate, also Kohlenwasserstoffe, in die Chlor und Fluor durch Substitution des Wasserstoffes eingeführt sind. Die große Gruppe dieser Fluor–Chlor-Derivate des Methans und Äthans wird in Amerika als Freone bezeichnet, wobei der Grad der Substitution durch Kennzahlen ausgedrückt wird. Zur Kennzeichnung der Methanderivate dienen zweistellige, für die Äthanderivate werden dreistellige Zahlen verwendet.

Die gebräuchlichsten Kältemittel dieser Stoffgruppe sind [77]:

Difluordichlormethan CF_2Cl_2, Freon–12 oder kurz F–12; ist in Deutschland unter der Bezeichnung Frigen im Handel

Dichlormonofluormethan $CHFCl_2$, F–21

Difluormonochlormethan CHF_2Cl, F–22

Trichlormonofluormethan $CFCl_3$, F–11

Dichlortetrafluoräthan $C_2F_4Cl_2$, F–114

Trichlortrifluoräthan $C_2F_3Cl_3$, F–113.

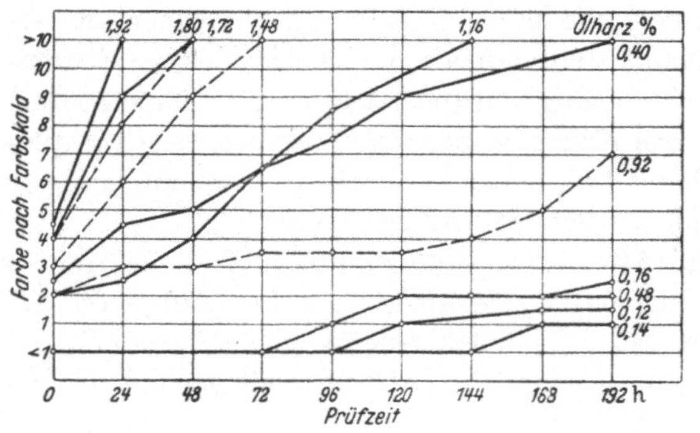

Abb. 48. Farbänderung von Ölen im Philipp-Test mit Frigen bei 250°C in Abhängigkeit von der Prüfzeit und vom Ölharzgehalt [105].

Nach Ross [7, 9] reagieren die Fluor—Chlor-Derivate der Kohlenwasserstoffe im trockenen Zustand nicht mit trockenen Ölen. Die wasserstofffreien Substitutionsprodukte und die reinen Fluorverbindungen sind chemisch stabiler als die reinen Chlorsubstitutionsprodukte und die Wasserstoff enthaltenden Verbindungen. Die letzteren spalten vor allem in Gegenwart von Wasser leicht unter Bildung von Chlorwasserstoffsäure auf, die zu Korrosionen in den Kältemaschinen führt. BLAIR und HOLMES [18] teilen mit, daß Frigen oberhalb etwa 150° C bei Gegenwart von Wasser unter Bildung von Säuren mit Ölen reagiert. Das Öl verschlammt und dunkelt schnell.

STEINLE [105] stellte im Philipp-Test eine Reaktion zwischen trockenem Frigen (CF_2Cl_2) und harzreichen Ölen unter Bildung von Salzsäure, Flußsäure und Wasser fest. Abb. 48 zeigt die Farbänderung von Ölen mit Frigen bei 250° C, und aus Abb. 47 ist die Farbänderung mit Frigen im Philipp-Test bei 150° C ersichtlich. Die zeitliche Farbänderung verläuft in gleicher Weise wie beim Philipp-Test mit Schwefeldioxyd. Kurz ehe die Öle etwa den Farbton schwarz entsprechend 10 der Farbskala erreicht haben, erscheinen in dem Querschenkel des Prüfrohres die in Abb. 49 gezeigten, silbrig glänzenden Kondensationsprodukte, in denen nach Öffnen der Rohre durch Spülen mit einer Lösung von Silbernitrat in Methylalkohol Chlorionen als Silberchloridfällung und außer-

Abb. 49. Kondensate in U-Rohren zum Philipp-Test mit Frigen-unbeständigen Ölen [105].

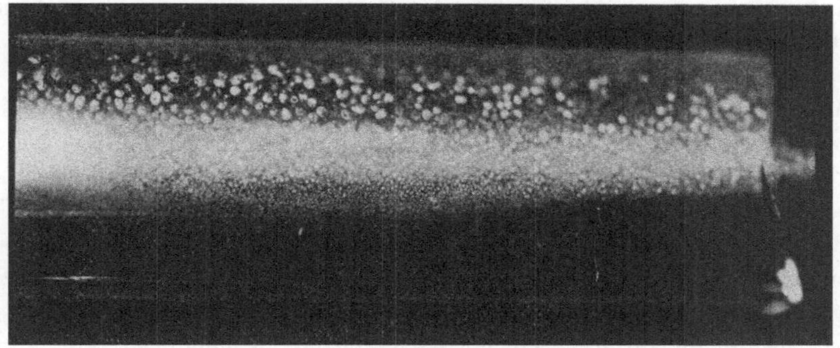

Abb. 50. Flußsäureätzungen in Glasrohren zum Philipp-Test mit Frigen [105].

dem Wasser nachgewiesen werden können. Löst man die Kondensate mit Wasser fort, so erscheinen an den Stellen, wo sie gesessen haben, die charakteristischen Flußsäureätzungen am Glas, welche in Abb. 50 gezeigt sind. Gleichzeitig mit den ersten Kondensationserscheinungen erscheinen an der Trennungslinie des flüssigen Frigens gegen den Dampfraum, mehr oder weniger stark ausgeprägt, die in Abb. 51 abgebildeten, zunächst schwarzen Ringe. Sie konnten nach dem Entfetten der Rohre ebenfalls als Flußsäureätzungen identifiziert werden. Das CF_2Cl_2-Molekül zerfällt also durch diese Reaktion mit dem Öl vollständig unter Bildung von Chlorwasserstoff und Fluorwasserstoff. Auch reiner Kohlenstoff scheint aufzutreten. Der Sauerstoff zur Bildung des Wassers kann nur aus dem Ölharz als dem einzigen Sauerstoffträger des ganzen Systems stammen, während der Wasserstoff durch Zerfall von Kohlenwasserstoffen frei wird. Die Bildung wasserstoffärmerer Kohlenwasserstoffe läßt sich durch das Ansteigen des Gehaltes der an Bleicherde adsorbierbaren Anteile im Öl nachweisen, der in gleicher Weise wie bei den Versuchen mit SO_2 ansteigt. Für die Versuche wurde Frigen mit einem Wassergehalt von höchstens 2 mg H_2O/kg CF_2Cl_2 verwendet, während im Öl nach halbstündigem Evakuieren bei 100° C durch Austreiben mit Stickstoff bei 60° C (vgl. Abschnitt D I a 2) kein Wasser

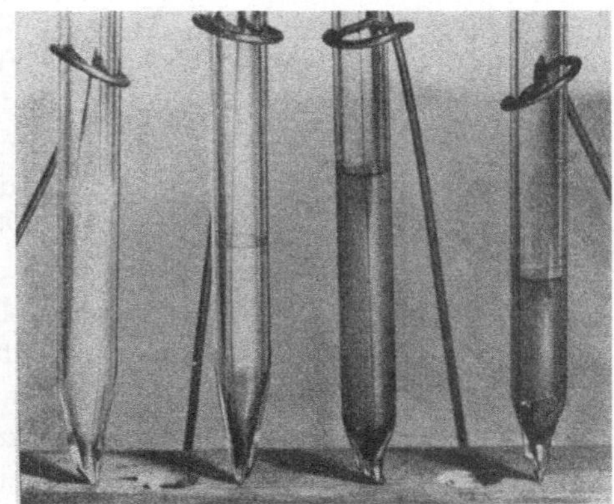

Abb. 51. Ätzringe durch Flußsäure auf der Frigen-Seite der U-Rohre beim Philipp-Test [105].

mehr nachgewiesen werden konnte. Frigen und Öl sind also nach den gültigen Anforderungen als trocken zu bezeichnen.

Die Zeit bis zum Erscheinen der Kondensate in den Rohren ist in Abb. 41 als Frigen-Beständigkeit gegen den Ölharzgehalt der Öle eingezeichnet. Mit zunehmendem Ölharzgehalt nimmt die Frigen-Beständigkeit ebenso wie die SO_2-Beständigkeit der Öle ab, während die Sauerstoffbeständigkeit mit zunehmendem Ölharzgehalt zunimmt. Die SO_2-Beständigkeit und die Frigen-Beständigkeit eines Öles im Philipp-Test fallen innerhalb der Meßgenauigkeit zusammen. SHAW und BRANDON [82] weisen im Zusammenhang mit ihren Untersuchungen über die Kupferplattierung darauf hin, daß Frigen—12 wohl als chemisch sehr träge, keinesfalls aber als inert bezeichnet werden kann.

Dunkelfärbung des Öles und Salzsäurebildung wie im Philipp-Test mit Frigen wurde auch in Kältemaschinen mit dunkleren Raffinaten mehrfach beobachtet. Freies Chlor bzw. Salzsäure ließen sich im Öl der gekapselten Frigenmaschinen durch Ausschütteln mit destilliertem Wasser und Fällen als Silberchlorid ($AgCl_2$) mit Silbernitrat deutlich nachweisen. Das ist erklärlich, nachdem in Abb. 47 und Tabelle 5 gezeigt werden konnte, daß die Reaktionen zwischen Frigen—12 und harzreichen Ölen auch bei 150 und 100° C noch verhältnismäßig schnell unter Bildung von Mineralsäuren als Spaltprodukte ablaufen. Die organischen Isolierstoffe aus Papier und Textilien waren kaffeebraun und spröde, jedoch nicht so verbrannt wie in Maschinen mit Schwefeldioxyd und wiesen nicht den brenzlichen Geruch auf. Salzsäure ist gegen die Isolierstoffe nicht so aggressiv wie Schwefelsäure und führt infolgedessen nicht so schnell zum Ausfall der Maschine.

Auch über die Methylchlorid-Beständigkeit der Öle wurden einige orientierende Versuche im Philipp-Test bei 250° C durchgeführt. Methylchlorid (CH_3Cl) reagiert ebenfalls unter Bildung von Chlorwasserstoff mit harzreichen Ölen, jedoch ohne Verfärbung des Öles. Die Chlorionen lassen sich ebenso wie bei den Versuchen mit Frigen mittels einer Silbernitratlösung in Methylalkohol nachweisen. Einige Werte der CH_3Cl-Beständigkeit von Ölen sind in Abb. 41 eingetragen.

Damit ist die Forderung zu erheben, daß Kältemaschinenöle zur Verwendung mit Frigen (CF_2Cl_2) und Methylchlorid (CH_3Cl) ebenso wie zur Verwendung mit Schwefeldioxyd (SO_2) nicht mehr als 1% Ölharz enthalten dürfen. Alle Kältemaschinenöle sollten auf ihre chemische Beständigkeit nur mit dem Kältemittel geprüft werden, mit dem zusammen sie in der Kältemaschine arbeiten sollen. Der Philipp-Test hat sich zur Durchführung dieser Versuche als zweckmäßig erwiesen. Er kann ohne Schwierigkeiten für die meisten Kältemittel angewendet werden.

Nach den bisherigen Erfahrungen wird die Kältemittel-Beständigkeit der Öle durch Zusätze aller Art, wie Stockpunktserniedriger, Korrosionsschutzstoffe und Alterungsschutzmittel in den meisten Fällen verschlechtert, ohne daß in der gewünschten Richtung eine wesentliche Verbesserung erzielt werden kann (s. auch Abschnitt D V d). Es hat sich gezeigt, daß nahezu alle Öle, die der aufgestellten Gesetzmäßigkeit über die Abhängigkeit der Kältemittel-Beständigkeit vom Ölharzgehalt nicht gehorchen, mit derartigen Zusätzen, die auch Dopes oder Additives genannt werden, versetzt sind. Eine Verbesserung der Kältemittel-Beständigkeit ist bisher nicht beobachtet worden. Im allgemeinen wird die Kältemittel-Beständigkeit von Ölen mit 0,6 bis 0,8% Ölharz, die bei der Prüfung im Philipp-Test bei 250° C bei etwa 200 h liegt, durch diese Zusätze auf weniger als 24 h herabgesetzt. Farbstoffe können in gleicher Weise Reaktionen zwischen dem Kältemittel und dem Öl einleiten und sollten deshalb nur nach sorgfältiger Prüfung im Philipp-Test angewendet werden.

In letzter Zeit fielen ferner einige Weißöle durch unverhältnismäßig schlechte Kältemittel-Beständigkeit im Philipp-Test auf. Diese Weißöle scheinen durch Überraffination in ihrer Struktur bereits so weit geschädigt zu sein, daß an sich stabile Bestandteile verletzt sind, die dann zu den Reaktionen führen.

c) Öl und Ammoniak, Kohlendioxyd und Öle.

Ammoniak hat nach Ansicht von Ross [9] chemisch keinerlei Einfluß auf hochraffinierte Öle, jedoch müssen die Öle wegen der hohen Verdichterdrücke und den damit verbundenen hohen Betriebstemperaturen gute thermische Beständigkeit haben.

MUSGRAVE [2] und die Texas Comp. [14, 61] weisen darauf hin, daß Ammoniak mit einigen naphthenischen Säuren, die in Mineralölen in geringer Menge vorhanden sein können, unter Bildung von Seifen reagieren kann. Sie können zu Trübungen führen und die Emulsionsbildung zwischen Öl und Ammoniak fördern. Für Ammoniakmaschinen sollen nur bestens ausraffinierte Öle verwendet werden, da Anlagerungsreaktionen nicht ausgeschlossen sind. Die Bildung von Wasserstoff als Fremdgas in Ammoniakkältemaschinen wird neben dem Einfluß von Feuchtigkeit auch dem Vorhandensein von ungesättigten Kohlenwasserstoffen in den Ölen zugeschrieben [17]. Für NH_3-Maschinen wurden vielfach nicht sehr weitgehend ausraffinierte, billige Öle verwendet. Infolge der Alkalität des Ammoniaks können die Öle in NH_3-Kältemaschinen nicht versäuern.

Kohlendioxyd, das bis etwa 2000° C thermisch stabil ist, wirkt chemisch, selbst bei Gegenwart größerer Mengen Wasser, nicht auf Öle ein.

G. Verhalten der Öle in Kältemaschinen.

In Kältemaschinen ist das Öl stark wechselnden Temperaturen ausgesetzt. Deshalb ist große Temperaturbeständigkeit nach oben und unten erforderlich. Für Haushaltkältemaschinen muß eine thermische Beständigkeit von etwa -25 bis $+100°$ C gefordert werden. In der Wärme darf das Öl seine leicht flüchtigen Bestandteile nicht abgeben und nicht zur Alterung und Bildung von Ölkohle und Schlamm neigen. Als Maß für die Flüchtigkeit dient der Flammpunkt. Er soll mindestens $150°$ C betragen. Er muß hoch genug über den höchsten in der Kältemaschine auftretenden Temperaturen liegen, um das Verdampfen leicht flüchtiger Bestandteile zu verhindern, die nicht wieder in ihrer alten Zusammensetzung zurückkondensieren. Durch derartige Verdampfungserscheinungen verändert das Öl verschiedene seiner wichtigsten Eigenschaften, z. B. Zähigkeit, Stockpunkt und auch die chemische Beständigkeit. Für die Regelorgane und die Entölung des Verdampfers ist das Kälteverhalten der Öle von größter Bedeutung. Ein hinreichender Unterschied zwischen Stockpunkt oder Fließpunkt und niedrigster Betriebstemperatur ist erforderlich, da der Stockpunkt der Öle kein fester Erstarrungspunkt ist, die Öle vielmehr schon bei höherer Temperatur ihr Fließvermögen allmählich mehr und mehr einbüßen. Das Öl soll noch $5°$ unter der tiefsten Betriebstemperatur tropffähig sein [13]. Ferner sind die Öle zusammen mit den Kältemitteln auf mögliche Ausscheidungen in der Kälte zu untersuchen, die unweigerlich zu Verstopfungen und damit zum Ausfall der Kältemaschine führen. Nur ein Öl, das allen physikalischen und chemischen Anforderungen gerecht wird, kann die Schmierung einer Kältemaschine in zufriedenstellender Weise bewerkstelligen und damit wesentlich zur Erhöhung ihrer Lebensdauer beitragen.

Muß das Öl in einer Kältemaschine ersetzt werden, so soll es nur durch Öl gleicher Eigenschaften wie das bisher verwendete ersetzt werden, vorausgesetzt, daß sich dieses bewährt hatte. Am besten ist es, Öl derselben Marke oder Herkunft zu benutzen. Bei Wechsel der Marke muß die Kältemaschine aber vollständig und sorgfältig von altem Öl gereinigt werden. Soll das Kältemittel in einer Maschine durch ein anderes ersetzt werden, so sind die Schmierverhältnisse zu berücksichtigen. Der Übergang von einem ölunlöslichen zu einem öllöslichen Kältemittel oder umgekehrt soll unbedingt unterbleiben [78], da Schwierigkeiten in der Schmierung und vor allem mit der Ölrückführung aus dem Verdampfer zu erwarten sind.

In diesem Zusammenhang sei noch einmal ausdrücklich darauf hingewiesen, daß es eine der Hauptanstrengungen des Ingenieurs und Motorenfachmannes sein muß, die Temperatur in den gekapselten Kältemaschinen so niedrig wie möglich zu halten. Hohe Temperatur ist der größte Feind der Öle, die chemisch sehr empfindliche Körper sind. Ferner ist zu berücksichtigen, daß mögliche chemische Reaktionen durch gesteigerte Temperaturen außerordentlich beschleunigt werden [54]. Die Temperatur von 100° C soll nach den bisher vorliegenden vielseitigen Erfahrungen nicht überschritten werden. In USA wird, wie bereits mehrfach mitgeteilt, immer wieder verlangt, daß die Spitzentemperatur in den gekapselten Kältemaschinen mit Rücksicht auf das Öl und die Isolierstoffe der Wicklungen 90 bis 95° C keinesfalls übersteigt. Die Reaktion zwischen Schwefeldioxyd und Öl wird bei 130° C so stark beschleunigt, daß sie in wenigen Tagen zum Ausfall der Maschine führt, die bei 80 bis 90° C jahrelang ohne Störungen arbeitet.

I. Schmierung der Kältemaschinen.

In der Kältemaschine wird das Öl, ebenso wie in anderen Maschinen, zur Schmierung der bewegten Teile benötigt, um deren hin- und hergehende, drehende oder auch schwingende Bewegung betriebssicher zu ermöglichen und die Maschinenteile vor Abnützung zu bewahren. Die Kältemittel selbst als Schmiermittel zu verwenden, wurde mehrfach versucht, ließ sich aber infolge der geringen Zähigkeit und Schmierfähigkeit dieser Flüssigkeiten nicht verwirklichen.

Nach Ross [3] und anderen Autoren erhöhen die Aromaten, die wegen ihrer geringen chemischen und thermischen Stabilität in hochbeanspruchten Ölen unerwünscht sind, die Schmierfähigkeit der Öle. Vor allem im Bereich der Grenzschmierung wirkt sich die hohe Grenzflächen- bzw. Grenzphasenaktivität der Aromaten günstig auf die Haftfähigkeit des Schmierfilms an Metallen aus. Es ist Sache der Raffination, durch sachgemäße Führung genügende chemische Beständigkeit und gleichzeitig gute Schmiereigenschaften zu erzielen. Je höher ein Öl ausraffiniert ist, um so mehr werden seine Schmiereigenschaften, wenn auch in geringem Maße, herabgesetzt. Weißöle haben aus diesem Grunde die schlechtesten Schmiereigenschaften. Da die Lagerdrücke in Kleinkältemaschinen mit ihren geringen Leistungsumsätzen verhältnismäßig niedrig sind, sind grundsätzliche Schwierigkeiten in dieser Richtung bei der Verwendung von Weißölen nicht bekannt geworden. In der amerikanischen Kälteindustrie, die zum Teil mit höheren Umdrehungsschwierigkeiten und damit größerer Lagerbeanspruchung arbeitet, wird auch mit Rücksicht auf die Schmierfähigkeit die Verwendung von Weißölen abgelehnt und den Pale Oils der Vorzug gegeben [7, 9].

Durch die im Betrieb verursachte Alterung der Öle und die dadurch hervorgerufene Zunahme des Säuregehaltes und die Bildung von Schlamm und Kohle nimmt die Schmierfähigkeit schnell ab. Der Ölfilm fängt an zu kleben und reißt leicht auseinander. Dadurch kommt es zur Berührung von Metall mit Metall in den Lagern, die heißlaufen und fressen können.

a) Schmierung.

Die Öle haben bei der Schmierung die Aufgabe, gegeneinander bewegte Metallflächen so weit voneinander zu trennen, daß an die Stelle der trockenen Reibung von Metall auf Metall die geringe innere Reibung der Schmiermittel, also die flüssige Reibung tritt. Dadurch wird die Abnützung der Lagerstellen weitestgehend vermieden und gleichzeitig Antriebsenergie gespart.

Im Gebiet der flüssigen Reibung oder Vollschmierung muß die innere Reibung oder Viskosität des Schmiermittels genügend groß sein, damit es nicht durch den Lagerdruck aus den Schmierstellen herausgedrückt wird. Andererseits muß die Viskosität unter den Betriebsbedingungen — Temperatur, Druck und Gleitgeschwindigkeit — möglichst gering gehalten werden, um unnötigen Kraftverbrauch zur Überwindung der flüssigen Reibung zu vermeiden. Deshalb muß für jede Maschine, je nach Konstruktion, Betriebstemperatur und dem verwendeten Kältemittel, die optimale Viskosität des zu wählenden Öles ermittelt werden. Der Einfluß des Kältemittels auf die Schmierung wird später noch erörtert. Da die Betriebstemperatur der Kältemaschinen großen Schwankungen unterworfen ist, sind Öle mit flacher Temperatur—Viskositäts-Kurve zu bevorzugen, da sie ihre Viskosität beim Kaltanlauf der Maschine gegenüber der Viskosität bei den höchsten Betriebstemperaturen wenig ändern.

Bei halbflüssiger, unvollständiger Reibung oder Grenzschmierung ist nicht mehr die Viskosität maßgebend, sondern die Schmierfähigkeit des Öles, die auch Schlüpfrigkeit genannt wird. UMSTÄTTER [79] definiert die Schlüpfrigkeit σ als die Steilheit der Fließkurve entsprechend $\sigma = \dfrac{d\,ln\,G}{d\,ln\,P}$, wobei G der Geschwindigkeitsgradient in sec $^{-1}$ und P der Tangentialdruck in dyn/cm² ist. Der Einfluß der Rauheit der geschmierten Flächen auf den Schmierprozeß im Gebiet der Grenzphasenreibung wird diskutiert. Je rauher die Oberfläche ist, um so kleiner ist der tragende Anteil der Gleitfläche. Aus diesem Grunde müssen die Gleitflächen möglichst fein bearbeitet werden. Am Gleitvorgang nimmt praktisch nur das die Spitzen überziehende Öl teil, während das in den Kerben ruhende Öl an der Schmierung keinen Anteil hat. Durch größere Glätte der Oberfläche wird der tragende Teil vergrößert und damit die Flächenbelastung verringert. Grenzschmierung tritt dann ein, wenn gegeneinander bewegte Metallflächen nur so weit voneinander getrennt sind, daß noch eine Berührung der Oberflächenvorsprünge auf den Metallflächen stattfindet oder die Schicht des Schmiermittels nur noch wenige

Moleküle dick ist. Dieser Zustand wird beim Anlauf jeder Maschine vor dem Eintreten der flüssigen Reibung durchlaufen und ist bei langsam laufenden Teilen wegen der geringen Gleitgeschwindigkeiten, z. B. in Kolben, vielfach der Dauerzustand.

Bei der Beurteilung eines Schmierzustandes sind neben den durch die Konstruktion gegebenen Arten, wie gleitende, rollende oder wälzende Reibung, sowie neben den einleitend erwähnten Bewegungsformen, vor allem Druck-, Temperatur- und Schergefälle (Geschwindigkeitsgradient) von Bedeutung. Bei der hydrodynamischen oder Vollschmierung ist die Zähigkeit der einzige maßgebende Faktor. Sie ist abhängig von Druck, Temperatur und Schergefälle. Die Filmdicke der Schmierschicht kann weniger als 1 μ betragen. Die Grenzschmierung ist außerordentlich stark temperaturabhängig. Bei der Schmierung bewegter Teile mit Öl sind nur rein physikalische Vorgänge maßgebend.

b) Die konstruktive Durchbildung der Schmierung.

Das einfachste System der Schmierung von Kältemaschinen ist die im Automobilbau übliche Schleuderschmierung, die für offene Kältemaschinen bis etwa 20 PS wegen ihrer Einfachheit und Wirtschaftlichkeit auch heute noch gern angewendet wird. Abb. 52 zeigt die Schleuderschmierung des Verdichters einer offenen Kältemaschine. Der Ölstand im Kurbelgehäuse muß so hoch sein, daß die Kurbelarme oder der Exzenter bei jeder Umdrehung in das Öl hineintauchen und eine kleine Menge des Öles an die Schmierstellen verspritzt wird. Dieses Verspritzen des Öles hat den Nachteil, daß der Ölumlauf mit dem Kältemittel im Kreislauf sehr groß

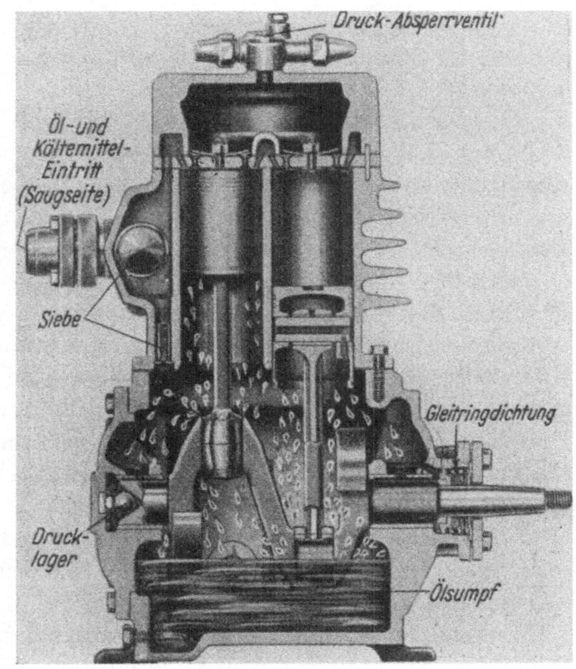

Abb. 52.
Schleuderschmierung des Verdichters einer offenen Kältemachine [7].

ist. Infolge des wechselnden Kältemitteldruckes im Kurbelgehäuse ändert sich dauernd die im Öl gelöste Kältemittelmenge. Das plötzliche Verdampfen von Kältemittel beim Anlauf der Maschine ruft starkes Schäumen des Öles hervor. Dadurch können erhebliche Mengen Öl in den Verflüssiger und den Verdampfer gelangen. Das starke Schäumen des Öles läßt sich dadurch vermeiden, daß man den Verdichter statt in den Druckraum mit dem verdichteten Gas in den Saugraum verlegt, und das Öl damit der Einwirkung des komprimierten Gases entzieht. Die Probleme der Schmierung werden jedoch erschwert, da das Öl nur unter einem gewissen Druck in genügender Menge an die Schmierstellen gebracht werden kann.

In Kälteverdichtern der offenen Bauart werden vielfach besondere Ölabscheidekammern beim Eintritt der Saugleitung in den Verdichter vorgesehen. Diese werden oft zusätzlich mit Prallwänden versehen. Durch Ge-

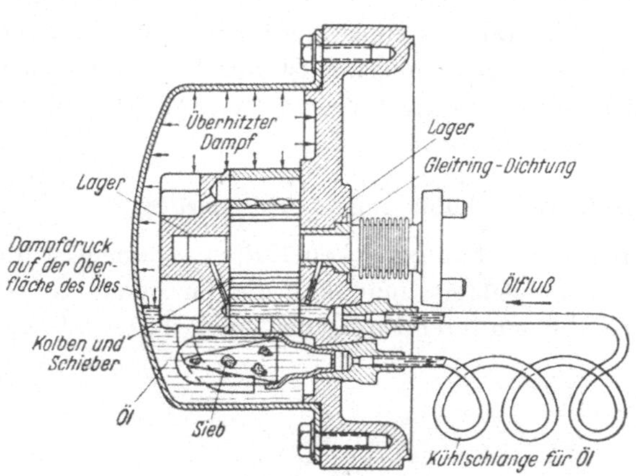

Abb. 53. Schmierung durch Ölumlauf unter dem Druck des verdichteten Kältemittels (Coldspot, 7).

schwindigkeits- und Richtungsänderungen wird in ihnen das nebelförmig mitgerissene Öl ausgeschieden [64]. Vielfach werden auch getrennte Druckschmiersysteme verwendet, die gegen den wechselnden Kältemitteldruck abgeschlossen sind. In einigen Fällen wird nach Ross [7] der Druck des komprimierten Kältemitteldampfes im Druckraum nach Abb. 53 zur Durchführung eines getrennten Ölumlaufes mit besonderer Kühlung des Öles angewendet. Durch diese Kühlung wird die Öltemperatur und gleichzeitig die ganze Maschinentemperatur niedrig gehalten. Eine weitere Anwendung des umlaufenden Schmieröles zeigt Abb. 54. Bei diesem General Electric Modell 1941 wird das Öl zugleich zum Kühlen der Wickelköpfe benützt.

Vielfach dienen, wie z. B. nach Abb. 55, gedrillte Ölnuten an der rotierenden Läuferwelle zur Ölförderung und zur Schmierung der bewegten Teile.

Wer sich über Einzelheiten der konstruktiven Durchbildung der Schmierung von Kältemaschinen informieren will, sei auf das Buch „Die Kleinkältemaschine" von PLANK und KUPRIANOFF verwiesen [80].

Aus dem Kältemittel–Öl-Gemisch im Ölsumpf und dem Verdichter wird stets Öl in Nebelform mitgerissen, das mit dem Kältemittel zirkuliert. Dünnere Öle neigen mehr zur Nebelbildung als zähere Öle [51]. In vielen Fällen ist es nötig, besondere Ölabscheider einzubauen, um zu vermeiden, daß sich beispielsweise in überfluteten Verdampfern zu viel Öl ansammelt, dessen Rückführung erschwert ist. Diese Ölabscheider dürfen jedoch nicht zu dicht am Verdichter eingebaut werden, da dort die mitgerissenen Ölteilchen noch sehr klein sind, so daß der Erfolg der Abscheidung unsicher ist. Abb. 56 zeigt den Aufbau und die Wirkungsweise eines einfachen Ölabscheiders.

Durch plötzlichen Richtungswechsel und infolge

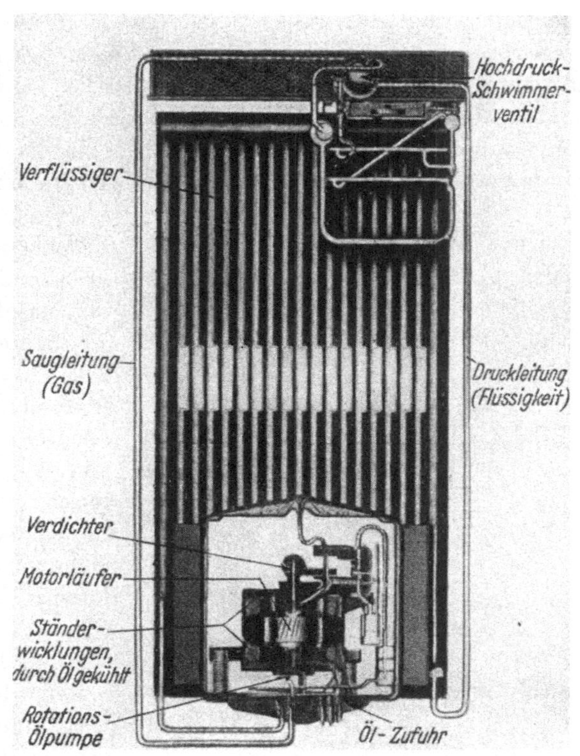

Abb. 54.
Schmierung und Ölumlauf des General Electric Modelles 1941 [7].

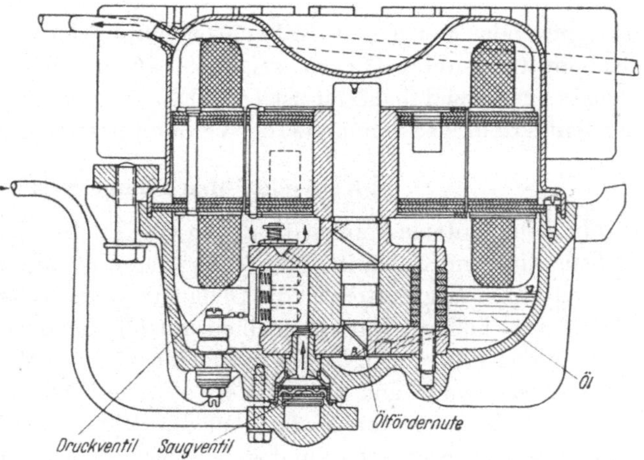

Abb. 55. Schmierung und Ölförderung durch gedrillte Nuten in der Läuferwelle (Bosch).

Änderung der Strömungsgeschwindigkeit durch Vergrößern des Strömungsquerschnittes wird das fein verteilte Öl aus dem Kältemittelgas ausgeschieden und sammelt sich am Boden des Abscheiders an. Von dort kann es entleert oder direkt wieder in den Verdichter zurückgeleitet werden. Ölabscheider müssen in allen Maschinen mit tiefen Verdampfertemperaturen verwendet werden, wo das Öl im Verdampfer stocken würde und die Rückführung aus diesem Grunde unmöglich wird.

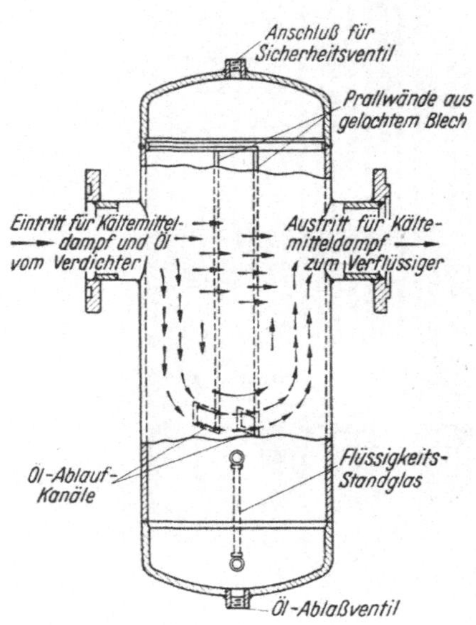

Abb 56. Ölabscheider der Worthington Pump and Machinery Corp. [7].

Vielfach wird auch der durchbohrte Läufer als Ventilator und Zentrifuge verwendet, um die Ölabscheidung im Verdichtergehäuse zu fördern. Zur Ölrückführung aus den überfluteten Verdampfern sind auch Dochte gebräuchlich, die aus dem Kältemittel–Öl-Gemisch im Verdampfer bis weit in die Saugleitung hineinreichen, um die Ölrückführung zu fördern. Dagegen bereitet die Ölrückführung aus trockenen Verdampfern keine Schwierigkeiten, da das Öl mit dem Gasstrom in Nebelform mitgerissen wird und sich nicht im Verdampfer niederschlägt. Selbst bei geringen Strömungsgeschwindigkeiten wird das Öl in genügender Menge vom Kältemitteldampf gefördert. Es kriecht, vom Kältemitteldampf getrieben, senkrecht an den Rohrwandungen hoch, wenn es genügend fließfähig ist [17]. Etwa angesammeltes Öl kann durch ein feines Röhrchen vom Boden des Verdampfers direkt angesaugt werden.

c) Kältemittel und Schmierung.

In den Kältemaschinen, in denen die Triebwerksschmierung nicht vollständig vom Kältemittelkreislauf getrennt ist, also bei allen kleineren und mittleren Aggregaten, ist das Öl dauernd dem Kältemittel ausgesetzt. Somit liegt bei den Kältemaschinen mit öllöslichen Kältemitteln keine Schmierung mit reinem Öl vor; vielmehr wird die Maschine stets durch ein Gemisch von Öl und Kältemittel geschmiert. Die Löslichkeitsverhältnisse sind demnach von Einfluß auf die Schmierung, weil dadurch die physikalischen Eigenschaften des Schmiermittels verändert werden.

Das mit dem Kältemittel umlaufende Öl kann sich bei geringen Strömungsgeschwindigkeiten in den Leitungen in Flüssigkeitssäcken abscheiden. Da das Öl nicht komprimierbar ist, darf es wegen der Gefahr von Flüssigkeitsschlägen nicht direkt in den Zylinder gelangen. Säcke und Schleifen in Flüssigkeits- und Druckleitungen, in denen sich das Öl sammeln kann, sind deshalb zu vermeiden. Der Verdichter soll eine gleichmäßige, kleine Menge Öl mit dem angesaugten Gas zur Schmierung erhalten, aber nicht mehr als zur Erhaltung eines gleichmäßigen Schmierfilmes zwischen bewegten Teilen nötig ist.

1. Ölunlösliche Kältemittel. Die Schmierung der Kältemaschinen mit vollkommen ölunlöslichen Kältemitteln wie Ammoniak und Kohlendioxyd bietet wenig Probleme, wenn die Zähigkeit des verwendeten Öles richtig gewählt ist und der Stockpunkt oder Fließpunkt tief genug liegt, um den Rücktransport des Öles aus dem Verdampfer zu gestatten. Meist wird bei Kohlendioxyd als Kältemittel, das nur für größere Anlagen verwendet wird, wegen der tiefen Verdampfertemperaturen die Verwendung eines Ölabscheiders nicht zu umgehen sein, da die Forderung nach derartig tiefen Stockpunkten nicht zu erfüllen ist.

Ammoniak und Kohlendioxyd sind spezifisch leichter als die Mineralöle, so daß sie im Verdampfer auf dem Öl schwimmen. Ihr spezifisches Gewicht ist

	NH_3	CO_2
bei —20° C	0,6650	1,0299
„ 0° C	0,6386	0,9248
„ + 20° C	0,6103	0,7707.

Das spezifische Gewicht der meisten Öle liegt über 0,800 bei + 20° C. Im Verdampfer unten angesammelte Öle werden von Zeit zu Zeit abgelassen.

Da Öl im Kohlendioxyd vollkommen unlöslich ist, kann es auch aus der Flüssigkeit leicht entfernt werden, wenn kleinste Mengen suspendiert mitgerissen werden. Wegen der hohen Verdichtertemperaturen haben der Flammpunkt und die Verdampfbarkeit bei Ölen für CO_2-Maschinen wesentlich größere Bedeutung als bei der Verwendung mit anderen Kältemitteln.

Kohlendioxyd-Kältemaschinen können auch mit Glyzerin—Wasser-Gemischen geschmiert werden, die zugleich den Vorteil haben, daß Wasserreste in den Maschinen durch das Glyzerin sehr fest gebunden werden. Glyzerin—Wasser-Gemische haben je nach dem Wassergehalt sehr tiefe Gefrierpunkte und greifen die Baustoffe nicht an (s. Abschnitt D I).

Eine Sonderstellung nimmt das Schwefeldioxyd mit seiner begrenzten Löslichkeit für Öle ein. Im Verflüssiger der Kältemaschinen, die mit Schwefeldioxyd arbeiten und die im allgemeinen keinen Ölabscheider besitzen, ist stets mitgerissenes Öl im Kältemittel gelöst. In den kalten Regelorgangen und im Verdampfer wird die Sättigungsgrenze überschritten und das überschüssige Öl aus der Lösung frei. Es schwimmt auf der ölhaltigen SO_2-Schicht. Entsprechend Abb. 35 sättigt sich auch das aufschwimmende Öl mit Schwefeldioxyd, so daß auf der ölhaltigen SO_2-Schicht eine SO_2-haltige Ölschicht schwimmt. Die Rückführung dieses aufschwimmenden Öles in den Verdichter macht keine Schwierigkeiten, da es infolge des Sprudelns beim Verdampfen des Schwefeldioxydes zerstäubt und in genügendem Maße angesaugt wird. Vielfach wird diese aufschwimmende Ölschicht auch direkt durch ein besonderes Saugrohr abgesaugt. Im Verdampfer der SO_2-Maschinen ist eine möglichst weitgehende Trennung des Öles vom Schwefeldioxyd anzustreben. Diese Abscheidung wird durch eine möglichst starke Veränderung der Löslichkeit des Öles im Schwefeldioxyd mit der Temperatur gefördert, da in diesem Fall das Öl im kalten Verdampfer weitergehend ausgeschieden wird. Es wurde bereits darauf hingewiesen, daß die Löslichkeit eines hochraffinierten Öles in Schwefeldioxyd geringer ist als die eines harzreicheren, dunkleren Raffinates. Auch im Verdampfer findet eine Nachraffination dunkler Öle statt. Da sich diese zähen und klebrigen Ölbestandteile beim Verdampfen des Schwefeldioxydes nicht wieder im Öl lösen, werden sie auf den Wandungen abgeschieden und verschlechtern infolge ihrer schlechten Wärmeleitfähigkeit den Wärmeübergang zwischen verdampfendem Kältemittel und Verdampfer. Dieser Vorgang dürfte vielfach die Ursache dafür sein, daß in Verdampfern von SO_2-Maschinen dunkle und klebrige Ölrückstände gefunden werden, während das Öl selbst noch hell und unverändert ist.

Schwefeldioxyd–Öl-Mischungen haben die Tendenz, sich zu überhitzen. Es dürfte sich bei dem System Schwefeldioxyd–Öl um echte Siedeverzüge handeln, da ein Minimum in der Siedelinie aus den bisher bekannten Messungen nicht ersichtlich ist [54]. Einfache Kohlenwasserstoffe ergeben nach D'ANS und LAX [95] im Gegensatz zu den komplexen Kohlenwasserstoffgemischen, welche die Öle darstellen, mit Schwefeldioxyd ausgeprägte Minima in der Siedelinie auf der kohlenwasserstoffreichen Seite. Reines Schwefeldioxyd neigt ebenfalls stark zu Überhitzungen. Nach PHILIPP und TIFFANY [81] können in überfluteten Verdampfern Siedeverzüge um bis zu 17°, in Glas sogar Überhitzungen bis zu 27° auftreten. Diese Siedeverzüge lassen sich durch scharf getrocknetes Holz oder Rohr (Schilf) im Verdampfer vermeiden oder dadurch, daß man die Flüssigkeit vom Regelorgan her am Boden des Verdampfers unter der Flüssigkeit einleitet. Dadurch wird das Kältemittel in Bewegung gehalten und die Überhitzung unter 1,5° herabgedrückt.

2. **Öllösliche Kältemittel.** Durch die öllöslichen Kältemittel wird die Zähigkeit der Öle nach Abb. 30 und 31 erheblich erniedrigt, so daß zur

Erhaltung einer ausreichenden Schmierfähigkeit zähere Öle zu verwenden sind als mit den ölunlöslichen Kältemitteln. Ferner wird durch die Mischung mit dem Kältemittel der Stockpunkt bzw. Fließpunkt des Öles nach Abb. 32 sehr stark herabgesetzt, so daß nach PERLICK [59] selbst bei den zähesten Ölen der Stockpunkt genügend erniedrigt wird, um die Ölrückführung aus dem Verdampfer zu gewährleisten. Nach McGOVERN [51] werden durch im Öl gelöste Kältemittel zwar die Zähigkeit und der Stockpunkt, nicht aber die Schmierfähigkeit des Öles vermindert. Im Gegenteil soll sich sogar eine bessere Schmierung ergeben, da durch das im Kältemittel (Methylchlorid) gelöste und mitgerissene Öl stets genügend Schmiermittel an die gefährdeten Schmierstellen gebracht wird. Eine recht unangenehme Eigenschaft der Kältemittel–Öl-Gemische ist das Schäumen. Es ist um so stärker, je mehr Kältemittel im Öl gelöst ist. Die Schaumbildung kann zum Schlagen und Stoßen des Verdichters und zu Ventilbrüchen durch angesaugte Flüssigkeit führen. Ferner kann dadurch hervorgerufenes zu starkes Mitreißen von Öl zu übermäßiger Verölung des Verdampfers führen. Das Öl fehlt im Kurbelgehäuse, so daß die Schmierung der Maschine in Frage gestellt wird, wenn die Ölfüllung knapp bemessen ist. Außerdem können durch starke Schwankungen der Kältemittel–Öl-Zusammensetzung Viskositätsschwankungen des Schmiermittels auftreten, die ungleichmäßiges Arbeiten der Maschine mit sich bringen.

Die unbegrenzte Löslichkeit von Kältemittel und Öl ineinander ist vom Standpunkt der Schmierung aus grundsätzlich unerwünscht und bringt Probleme mit sich, die bei den ölunlöslichen Kältemitteln nicht auftreten. Zur Vermeidung des Aufschäumens der Kältemittel–Öl-Mischung im Verdichter und Verdampfer sind folgende Mittel angewendet worden. Das Ölreservoir im Verdichter soll möglichst keinen Druckschwankungen unterworfen sein, um die Öl–Kältemittel-Konzentration nach Abb. 36 und 37 möglichst konstant zu halten. Das Öl im Verdichter soll möglichst warm sein, damit sich weniger Kältemittel im Öl löst. Zur Erwärmung des Öles wird gelegentlich die Druckleitung mit dem überhitzten Gas durch den Ölsumpf der Maschine geleitet. Grundsätzlich darf der Ölstand in der Maschine nicht zu hoch sein. Beim Kaltanlauf der Kältemaschinen ist stets mit starkem Schäumen zu rechnen, da sich im Stillstand beim Abkühlen des Öles viel Kältemittel im Öl löst. Mitunter werden Heizpatronen im Ölsumpf eingebaut, die das Öl im Stillstand der Maschine etwas erwärmen, um die Löslichkeit zu verringern.

In den überfluteten Verdampfern soll der Ölgehalt in öllöslichen Kältemitteln 15 bis 20 Gew.-% nicht überschreiten, da andernfalls der Siedepunkt des Kältemittels zu stark erhöht bzw. der Dampfdruck erniedrigt wird. Das Ansteigen des Siedepunktes von Methylchlorid und Frigen in Abhängigkeit vom Ölgehalt ist aus Abb. 38 und 39 ersichtlich.

Die Siedepunktserhöhung bringt bei vorgegebener Leistung der Maschine bzw. bei der durch den Temperaturregler festgehaltenen Verdampfertemperatur einen Abfall der Kälteleistung mit sich, da sich bei gleicher Verdampfertemperatur ein niedrigerer Dampfdruck einstellt, der nicht der Dampfdruckkurve für das reine Kältemittel entspricht. Infolgedessen wird weniger Kältemittel angesaugt.

Um die Schwierigkeiten zu umgehen, die sich durch die Löslichkeit der Mineralöle in den öllöslichen Kältemitteln ergeben, wurde versucht, Methylchlorid-Maschinen mit Glyzerin zu schmieren. Glyzerin ($CH_2OH \cdot CHOH \cdot CH_2OH$) und Methylchlorid ($CH_3Cl$) sind ineinander nur sehr wenig löslich. Glyzerin löst bei 24,7° C nur 0,3% Methylchlorid, während dieses bei der gleichen Temperatur nur 0,05% Glyzerin löst. Da Glyzerin schwerer ist als Methylchlorid, liegt es unter dem Kältemittel. Es wären also an sich die idealen Verhältnisse vorhanden, wie sie bei Ammoniak und Kohlendioxyd anzutreffen sind. Da Glyzerin jedoch sehr hygroskopisch ist und im feuchten Zustand zusammen mit Methylchlorid durch Bildung von Salzsäure sehr stark zu Korrosion der Baustoffe neigt, konnte es nicht als Schmiermittel für Methylchlorid-Maschinen eingeführt werden.

II. Verhalten von Ölen gegen die Baustoffe von Kältemaschinen.

Neben Verunreinigungen wirken auch eine Anzahl von Metallen, besonders bei hohen Betriebstemperaturen, katalytisch auf den Zerfall von Ölen ein. Dadurch kann eine Reaktion zwischen Öl und Kältemittel eingeleitet werden, die ohne die Gegenwart dieser aktiven Stoffe nicht stattfindet. Andererseits besteht auch eine Empfindlichkeit gewisser Metalle gegen bestimmte Öle und deren Verunreinigungen, die zur Korrosion und Zerstörung der Baustoffe führen können. Deshalb ist bei der Auswahl eines Öles für eine Kältemaschine mit bestimmten Baustoffen, die von der Konstruktion vorgesehen sind, die Beständigkeit dieser Stoffe gegen das Kältemittel—Öl-Gemisch genauestens zu untersuchen. Dies trifft sowohl für die nichtmetallischen als auch für die metallischen Baustoffe zu. Die organischen Baustoffe, z. B. Textilien und Papiere, enthalten größere Mengen Wasser, das durch Reaktion mit dem Kältemittel und dem Öl unter Bildung saurer Produkte reagiert, die dann in jedem Falle zu Korrosionen der Baustoffe führen. Deshalb ist sorgfältigste Trocknung der gesamten Kältemaschine und ihrer Einzelteile ebenso erforderlich wie die Trocknung des Öles und des Kältemittels.

Zur Prüfung der Korrosion an Baustoffen durch Öl und Kältemittel bedient man sich heute allgemein des Bombenrohres im sog. Druckrohr-Test [82, 105].

Zur Prüfung verwendet man Blechstreifen von $1 \times 10 \times 100$ mm

Größe, die entweder auf Hochglanz poliert oder mit Schmirgelleinen Nr. 00 blank gerieben und entgratet werden. Sie werden vor dem Versuch mit einem Wattebausch mit Trichloräthylen oder Benzol—Alkohol-Gemisch (1 : 1) abgerieben, in diesem Gemisch oder in Trichloräthylen gespült, 15 Minuten bei 105° C getrocknet und nach Abkühlen auf 0,1 mg genau gewogen.

Als Prüfgefäß dient das in Abb. 57 gezeigte Druckrohr. In das einseitig zugeschmolzene Hartglasrohr aus Durobax- oder Duranglas von 12 bis 14 mm lichter Weite und etwa 300 mm Länge wird das Öl etwa 40 mm hoch eingefüllt. Dann gibt man die polierten Blechstreifen dazu. Man verengt das Glasrohr hierauf am offenen Ende auf etwa 2 mm lichte Weite, schließt an Hochvakuum an und trocknet das im Wasserbad auf 100° C erhitzte Glasrohr 1 Stunde lang aus. Dann kühlt man mit Trockeneis ab und destilliert mit Hilfe eines Dreiwegehahnes 40 mm reinstes Kältemittel ein, so daß der Blechstreifen also 40 mm im Öl, 40 mm im Schwefeldioxyd und 20 mm im Gasraum ist. Nach dem anschließenden Abschmelzen soll das fertige Glasrohr eine Gesamtlänge von 260 mm haben.

Das Rohr wird in einem eisernen Schutzmantel 14 Tage stehend in einem Trockenschrank auf 100° C erwärmt. Nach dem Abkühlen wird zunächst die Farbe des Öles und des Kältemittels festgestellt. Dann wird das Glasrohr geöffnet und die Blechstreifen herausgenommen. Sie werden mit Benzol—Alkohol-Gemisch oder mit Trichloräthylen, evtl. unter Zuhilfenahme eines Wattebausches, fettfrei gewaschen. Die Korrosionsprodukte von Kupfer werden mit 10%iger Cyankalilösung, die

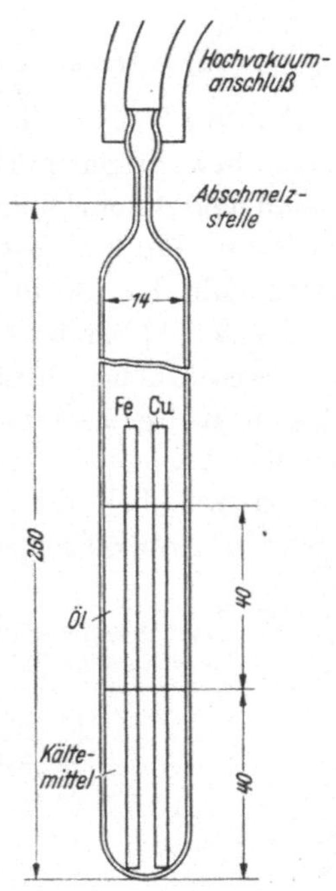

Abb 57. Gefäß für den Druckrohr-Test zur Prüfung der Korrosion von Metallen und nichtmetallischen Baustoffen durch Öl und Kältemittel.

vom Eisen mit konzentrierter Salzsäure, der 0,2% Katansalz zugesetzt sind, abgebeizt. Die Beizzeit soll genau 1 Minute betragen. Dann werden die Streifen gründlich mit destilliertem Wasser und anschließend mit Alkohol gespült, 15 Minuten bei 105° C getrocknet und zurückgewogen. Von dem erhaltenen Wert für die Gewichtsabnahme wird bei Eisen ein Korrekturwert von 0,7 mg und für Kupfer 0,9 mg je Minute Beizzeit für den Angriff der Beizlösung auf das Metall abgezogen. Durch Multiplikation des korrigierten Wertes mit dem Faktor 35 erhält man die Korrosion von Öl und Kältemittel an Eisen bzw. Kupfer in mg pro m² und Tag bei 100° C.

Öle mit einer Korrosion unter 100 mg/m² · Tag sind als praktisch nicht korrodierend zu bezeichnen.

Durch diese Prüfung kann zugleich auch Überraffination der Öle und die dadurch hervorgerufene Versäuerung festgestellt werden, da sie die Metalle in kurzer Zeit besonders stark angreifen.

In USA wird der Korrosionsangriff von Ölen an Kupfer in der Weise geprüft, daß Kupferstreifen 3 Stunden lang im Öl auf 100° C erwärmt werden. (F. S. B. Nr. 530. 3. 2.) Die Kupferstreifen müssen vollkommen blank bleiben.

a) Korrosion an Baustoffen durch Öl und Kältemittel.

STEINLE [105] stellt für die Kupferkorrosion durch Öl und Schwefeldioxyd bzw. Frigen im Druckrohr-Test nach Abb. 58 eine ebenso eindeutige Abhängigkeit vom Ölharzgehalt fest wie für die Kältemittel-Beständigkeit der Öle im Philipp-Test. Auf die Tatsache, daß das Kupfer bei zu hohem Harzgehalt der Öle in Kältemaschinen durch das Öl angegriffen wird, hat EVERS [8] bereits hingewiesen. Nach seiner Ansicht sind die Metalle ohne wesentlichen Einfluß auf die Beständigkeit eines gut raffinierten Öles in Kältemaschinen. Nach Abb. 58 liegt die Grenze des Ölharzgehaltes, bei dem eine Korrosion von über 100 mg/m² · Tag erreicht wird, ebenso wie bei der Kältemittel-Beständigkeit im Philipp-Test bei etwa 1%. Abb. 59 zeigt den Zusammenhang zwischen der SO₂-Beständig-

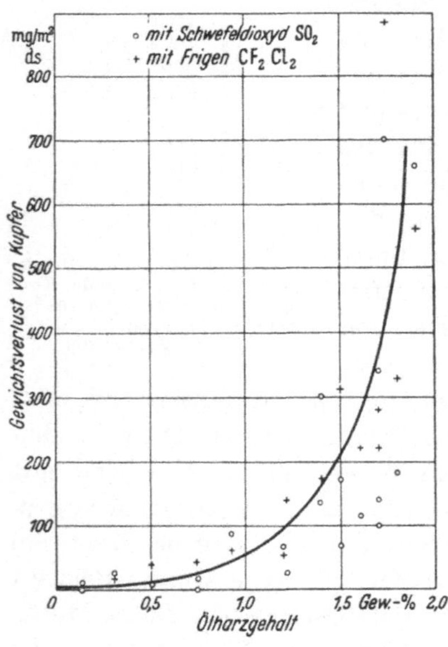

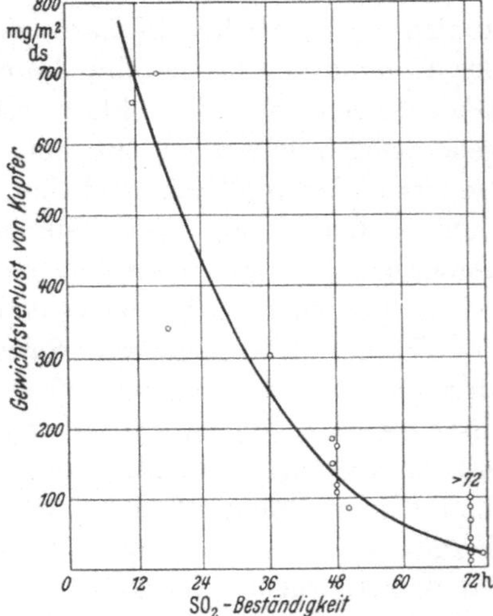

Abb. 58. Kupferkorrosion im Druckrohr-Test durch Öl und Schwefeldioxyd bzw. Frigen in Abhängigkeit vom Ölharzgehalt [105]

Abb. 59. Zusammenhang zwischen der SO₂-Beständigkeit der Öle im Philipp-Test und der Kupfer-Korrosion im Druckrohr-Test (STEINLE).

keit der Öle im Philipp-Test und der Kupferkorrosion mit Schwefeldioxyd und Öl im Druckrohr-Test. Der Zusammenhang ist nicht ganz linear. Die Kupferkorrosion steigt steiler an als die SO_2-Beständigkeit. Die Übereinstimmung der Kupferkorrosion bei 100 mg/m^2 · Tag und der SO_2-Beständigkeit von etwa 48 Stunden geht aber aus der Abbildung deutlich hervor. HOLDE [24] teilt mit, daß der chemische Angriff von Ölen auf Metalle auf einen Gehalt der Öle an Säuren und nach amerikanischen Erfahrungen vor allem auf Schwefelwasserstoff zurückzuführen ist, der

sich unter der katalytischen Einwirkung des Kupfers bildet. Eine Abhängigkeit der Kupferkorrosion im Druckrohr-Test vom Schwefelgehalt der Öle ist jedoch nicht festzustellen. Die gebildeten Metallseifen aus Säuren und Metallen können nach ROGERS und MILLER [68] bei tiefen Temperaturen aus den Ölen ausgeschieden werden. Sie erhöhen die elektrische Leitfähigkeit der Öle. Aus diesem Grunde wird verschiedentlich empfohlen, die Korrosionsprüfung im Druckrohr zugleich unter der Einwirkung eines elektrischen Feldes durchzuführen.

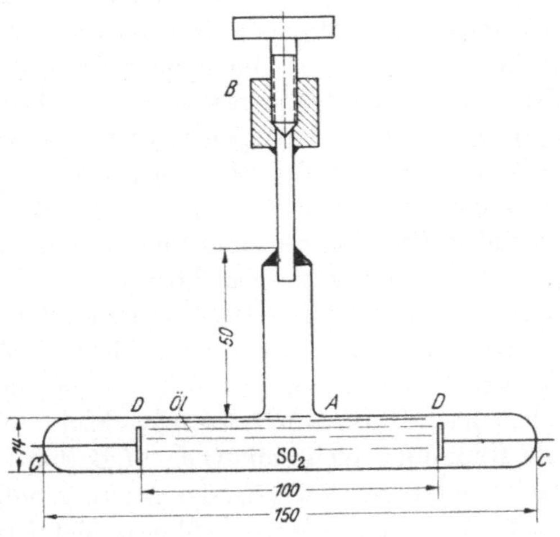

Abb. 60. Anordnung zur Korrosionsprüfung im Druckrohr-Test mit elektrischem Feld. *A* Druckrohr aus Duran- oder Durobaxglas. *B* Füllventil. *C* Einschmelzdraht. *D* Eisenelektroden von 11,3 mm Durchmesser (1 cm² Fläche). *E* Einschmelzlegierung.

Dazu kann mit Vorteil eine der in Abb. 60 gezeigten ähnliche Versuchsapparatur verwendet werden. Das Hartglasrohr *A* aus Durobax- oder Duranglas hat etwa 14 mm lichte Weite, *B* ist ein Ventil aus Metall, das über ein Nickel—Eisen-Rohr mit dem Druckrohr verbunden ist. Die Elektroden *D* aus Eisen oder Kupfer sind mit den Einschmelzdrähten *C* verschweißt. Öl und Kältemittel werden nach gründlichem Evakuieren in das Rohr eingefüllt, so daß das waagerechte Rohr zur Hälfte mit Kältemittel und zur Hälfte mit Öl gefüllt ist. An die Elektroden wird eine Gleichspannung von 220 Volt gelegt. Mit Rücksicht auf die empfindlichen Einschmelzungen empfiehlt es sich, die Versuchstemperatur nicht wesentlich über Zimmertemperatur zu erhöhen und lieber eine längere Prüfzeit von etwa 4 Wochen anzuwenden. Ungenügende Öle führen nach einigen Tagen zu Kohleausscheidungen auf den Metallelektroden, die als flockige Pusteln sichtbar werden.

Wasser, das durch Alterung des Öles entsteht oder durch Isolierstoffe bei ungenügender Entwässerung in die Kältemaschine eingeschleppt werden kann, erhöht die Korrosion der Metalle durch Öl und Kältemittel außerordentlich stark. Alle Versuche müssen deshalb unter vollständigem Ausschluß jeder Spur von Feuchtigkeit durchgeführt werden.

Über die katalytische Wirkung einer Anzahl von Metallen werden von vielen Autoren ausführliche Angaben gemacht. Kupfer [3, 9, 67] wird allgemein als das Metall angesehen, das den Zerfall der Öle katalytisch am meisten fördert. Seine Legierungen Messing, Bronze und auch Tombak werden ebenfalls als schädlich angesehen [3]. Durch ihre große Oberfläche sind vor allem die Kupferwicklungen mit ihren wasserhaltigen Textilisolationen besonders schädlich. Dichte, wasserfreie Isolationen z. B. aus Lacken, die zugleich das Kupfer gegen Öl und Kältemittel abdecken, sind nach Ross [3] auch aus diesem Grunde als Wickeldrahtisolationen vorzuziehen. Sie müssen jedoch vollkommen beständig gegen Öl und Kältemittel sein und thermisch die hohen Betriebstemperaturen ohne Erweichen vertragen. Formvar und Formex haben sich zu diesem Zweck in USA in den letzten Jahren gut bewährt.

Blei und Eisen wirken zwar nicht so stark wie Kupfer katalytisch auf den Ölzerfall ein, ihre Wirkung ist aber deutlich feststellbar. Blei bildet nach STÄGER [67] besonders leicht Seifen und soll deshalb, ebenso wie Kadmium, nicht mit Ölen in Berührung kommen. Kadmium und Zink werden durch die bei der Alterung entstehenden Säuren besonders stark unter Bildung ausscheidbarer Metallseifen angegriffen [83], die zu Verstopfungen empfindlicher Regelorgane, wie z. B. der Düsen, führen können. Oxyde und Hydroxyde der genannten Metalle wirken nach Ross [9], ebenso wie feine Metallspäne, sehr stark auf die Alterung der Öle ein. Deshalb sollen in Kältemaschinen nur vollkommen blanke Metallflächen ohne Oxydhaut vorhanden sein und Späne und andere mechanische Verunreinigungen sorgfältig entfernt werden. Alle diese Stoffe wirken zunächst als Katalysatoren, reagieren aber von einem bestimmten Stadium des Zerfalles an selbst mit dem Öl und dem Kältemittel, so daß die primäre Ursache für die Einleitung der Korrosion nur selten genau feststellbar ist.

Zinn und Zink sind nach Ross [3, 9] als Verzögerer oder negative Katalysatoren für die Alterung von Ölen zu betrachten.

Oft werden Teile in Kältemaschinen mit korrosionsschützenden metallischen Überzügen versehen. Bei der Auswahl derartiger Oberflächen, von deren Verwendung allgemein abgeraten wird, ist der Einfluß auf das System Öl–Kältemittel stets besonders in Betracht zu ziehen. Zu berücksichtigen ist vor allem, daß die Einführung weiterer Stoffe in den Kältemittelkreislauf stets die Bildung unkontrollierbarer elektrochemischer Elemente fördern kann [7].

b) Kupferplattierung bei chlorierten Kältemitteln.

In Kältemaschinen, die mit chlorierten Kältemitteln betrieben werden, wird von vielen Autoren [2, 3, 7, 9, 51, 84] eine Erscheinung beobachtet, die als Kupferplattierung bezeichnet wird. Das Kupfer wird von den Kupferteilen abgelöst und als metallisches Kupfer auf blankem Eisen, vor allem auf bewegten Teilen, abgeschieden. Dort wird es durch die rollende oder gleitende Bewegung abgerieben, da es schwammige Struktur hat, und führt zum Anfressen und Blockieren der bewegten Teile. Zunächst wurde angenommen, daß diese Erscheinung auf chemische Reaktionen zwischen Öl und Kältemittel und die damit verbundene Säurebildung zurückzuführen sei. Untersuchungen der Sun Oil Comp. [7] haben ergeben, daß geringe Mengen Kupfer in allen Ölen löslich sind. Man nahm zunächst an [84], daß Öle, die hohe Verteerungszahlen mit Sauerstoff haben, ein größeres Lösungsvermögen für Kupfer haben als weniger oxydierbare Öle, da durch die Oxydation Fettsäuren entstehen. Auch der Gehalt der Öle an Schwefelverbindungen wurde zunächst für das Auftreten der Kupferplattierung verantwortlich gemacht. Aber auch durch die Auswahl eines Öles mit hohem Raffinationsgrad und geringem Schwefelgehalt und niedriger Verteerungszahl konnte die Kupferplattierung nicht verhindert werden [82]. Durch Untersuchungen in verschiedenen Laboratorien der amerikanischen Ölindustrie [2, 9, 18, 84] wurde schließlich festgestellt, daß das im Öl gelöste Kupfer durch Wasser und Säuren, die auch durch Ölreaktionen entstehen können, vermutlich infolge der Erhöhung der Wasserstoffionen-Konzentration, auf bewegten Teilen elektrolytisch abgeschieden wird. Das edlere Kupfer wird abgeschieden, und das Eisen geht in Lösung. Nach Musgrave [2] begünstigen neben Wasser vor allem schwefelhaltige, verseifbare und saure Bestandteile, sowie leicht oxydierbare Öle, die Kupferplattierung.

Nach einer Mitteilung der Standard Oil Comp. [84] fiel eine Methylchlorid-Kältemaschine nach wenigen Tagen Betriebszeit aus, da sich die inneren Teile des Kompressors mit Kupfer überzogen hatten und dadurch festsaßen. Zum Teil waren die gegeneinander bewegten Teile stark riefig angefressen. Durch die Kupferanhäufung auf den Gleitflächen und das Hineinreiben des Kupfers in die Schmiernuten wurde die Ölzufuhr abgeschnitten. Diese Störungen traten regelmäßig nach etwa 90 Tagen Betriebszeit auf. Nach Einbau einer Trockenpatrone in die Flüssigkeitsleitung trat an der Maschine keinerlei Kupferplattierung mehr auf. Die gleiche Beobachtung wird von Ross [3] und auch von Legard [85] mitgeteilt, so daß Wasser heute als das die Kupferplattierung in erster Linie hervorrufende Faktum angesehen werden muß. Nach McGovern [51] neigten Maschinen, die durch ungünstige Betriebsbedingungen sehr warm wurden, besonders stark zu Kupferplattierung. McGovern stellt ferner fest, daß gut ausraffinierte Öle, die zugleich niedrige Verteerungszahlen haben, selbst bei Gegenwart von Wasser und Luft sowie verdünnter Salzsäure keine Kupferplattierung herbeiführen. Dagegen zeigte sich Kupferplattierung in Kältemaschinen mit weniger gut ausraffinierten Ölen selbst dann, wenn alle Vorkehrungen zum Trocknen und Reinhalten der Maschine, des Öles und des Kältemittels beobachtet wurden.

Nach Ross [3] und der Standard Oil Comp. [84] fördern Weißöle die Kupferplattierung infolge ihrer erhöhten Säurebildung stärker als die Pale Oils, wenn die anderen Voraussetzungen, also die Gegenwart von Wasser, gegeben und gleich sind.

In einem Öl aus einer Maschine mit starker Kupferplattierung stellte McGovern das Kupfer nicht als Salz einer Mineralsäure, sondern in einer organischen Verbindung fest. Nach seiner Meinung ist die Hauptursache der Kupferplattierung darin zu suchen, daß die schlechter raffinierten Öle Substanzen enthalten oder bilden, die sich besonders leicht mit Kupfer verbinden und dann an warmen Teilen zerfallen und Kupfer niederschlagen.

Durch sorgfältigste Trocknung der Maschine, des Öles und des Kältemittels mit Hilfe von Trockenpatronen ist es also möglich, die Kupferplattierung zu vermeiden. Dagegen gelingt es nach Ross [3] nicht, das Lösen von Kupfer im Öl zu unterbinden, solange keine einwandfrei dichten Überzüge auf dem Kupfer verwendet werden. Shaw und Brandon [82] stellen fest, daß Kupfer die Alterung der Öle sehr stark fördert, wenn nur wenige mg im kg Öl gelöst vorliegen. Besonders fördernd wirken die Wicklungen der Motoren in den gekapselten Kältemaschinen mit ihren großen Metalloberflächen. Galvanische Überzüge haben stets Poren und Risse, durch die hindurch das Kältemittel–Öl-Gemisch das Kupfer angreift. Lackisolationen der Wickeldrähte, z. B. Formex und Formvar, werden auch aus diesem Grunde neuerdings in USA stark bevorzugt. Sie schließen die Kupferdrähte dicht gegen das Kältemittel–Öl-Gemisch ab und machen gleichzeitig die Verwendung der stets wasserhaltigen Textilisolationen überflüssig. Durch Tauchen des fertigen Ständers in geeignete Lacke lassen sich auch die Textilien, die bei der Trocknung des Lackes gleichzeitig entwässert werden, dicht einschließen.

Shaw und Brandon [82] ist es gelungen, die Kupferplattierung im Laboratoriums-Kurzversuch zu reproduzieren. Sie verwenden eine dem in Abschnitt G II a beschriebenen Druckrohr-Test entsprechende Versuchsanordnung:

Spiralen aus Kupfer und Eisen befinden sich mit Öl und Kältemittel in Glasrohren, die in druckdichte Metallrohre eingesetzt sind. Durch diese Anordnung wird der Überdruck in den Glasrohren vermieden. Die Rohre werden 72 Stunden lang in Schräglage bei 95° C und einem Innendruck von 17 Atm. um die Längsachse gedreht. Die Versuche wurden mit trockenem Öl und Kältemittel sowie unter Zusatz von 1% Wasser in der flüssigen Füllung durchgeführt. Nach dem Versuch wurden die Öle auf Schlammgehalt, Metallgehalt und Veränderung der Viskosität untersucht.

Kupferplattierung trat an den Stellen der Eisenspiralen auf, wo sie beim Rotieren des Rohres an der Glaswand rieben. Von verschieden weit ausraffinierten Ölen zeigten die schlechter raffinierten, meist zugleich dunkleren Öle, stärkere Schlammbildung und führten zu erhöhter Kupferplattierung. In den feuchten Testen war die Kupferplattierung stärker als in den trockenen, trat jedoch auch hier vielfach auf.

In weiteren Versuchen wurden Stahlkugeln von 12,69 mm (½ Zoll) Durchmesser in einem Kupfergefäß mit Öl und CF_2Cl_2 oder CH_3Cl im Ofen bei 95° C gerollt. Auch in diesem Test verhielten sich die hochraffinierten Öle am besten. Es wird festgestellt, daß Kupferplattierung in gleichem Maße auftritt, wenn das Öl nur gelöstes Kupfer enthält, metallisches Kupfer jedoch nicht vorhanden ist. Ferner tritt Kupferplattierung auch an den ruhenden Stahlkugeln auf, wenn der Behälter nicht rotiert.

Abschließend wird darauf hingewiesen, daß die Versuche mit Methylchlorid unter gleichen Bedingungen stärkere Kupferplattierung ergeben, und daß die chemisch stabileren Öle geringere oder keine Kupferplattierung verursachen.

Die Standard Oil Comp. [84] schlägt zur Verringerung der Löslichkeit von Kupfer und ähnlichen Metallen in Schmierölen und der Ausscheidung von Kupfer auf Eisenteilen den Zusatz hochstabiler organischer Peroxyde vor. Bewährt hat sich vor allem Triazeton-Peroxyd als eines der stabilsten aliphatischen Peroxyde, sowie die sehr stabilen Peroxyde der Aromaten Naphthalin und Tetralin. Dibenzoylperoxyd $[(C_6H_5CO)_2O_2]$ wird ebenfalls benützt. Alle diese Stoffe müssen, wenn sie für Kältemaschinen verwendet werden sollen, zusammen mit dem Öl im Philipp-Test gegen das Kältemittel beständig sein und dürfen die Korrosion der Baustoffe im Druckrohr-Test nicht fördern. Sie werden in dem Patent FP 861065 als „Anticuivres" bezeichnet. Es wird ein Zusatz von 0,1% zum Öl vorgeschlagen. In zwei Ölen, in denen sonst nach 27 Stunden bei 93° C die ersten Kupferspuren nachweisbar waren, trat das erste Kupfer im Weißöl erst nach 600 Stunden und im Pale Oil nach 150 Stunden in nachweisbarer Menge auf. Die Wirkung des Zusatzes ist im einzelnen noch unbekannt. Durch diese Zusätze wird die Tendenz zur Schlammbildung, die Reaktionsfähigkeit der organischen Schwefelverbindungen und die Korrosion von Kupfer durch das Öl gleichzeitig herabgesetzt.

Zur Prüfung der Öle auf ihre Tendenz zur Lösung von metallischem Kupfer schlägt die Standard Oil Comp. [84] folgendes Verfahren vor: Eine Kupferspirale wird in ein mit dem zu untersuchenden Öl gefülltes

Glasrohr getan und unter Vakuum bei 93° C in einen Ofen gestellt. Dann werden periodisch Proben entnommen und mit Diphenyl-Thiokarbazid auf gelöstes Kupfer geprüft. Zum Schluß wird folgende quantitative Prüfung vorgenommen:

1 cm³ Öl wird mit 10%iger Schwefelsäure versetzt und dann Diphenyl-Thiokarbazid zugegeben. Bei Anwesenheit von Kupfer schlägt der Farbton von blaugrün in violett um. Nachdem zum Vertreiben des überschüssigen Diphenyl-Thiokarbazid mit wäßriger Ammoniaklösung versetzt wurde, wird durch Vergleich mit Normallösung der Kupfergehalt bestimmt. Die Empfindlichkeit beträgt 5 mg Kupfer pro 1 Öl.

Zum Schluß sei nochmals darauf hingewiesen, daß sich alle Beobachtungen über Kupferplattierung in der Literatur nur auf solche Kältemaschinen beziehen, die mit öllöslichen und zugleich chlorhaltigen Kältemitteln betrieben wurden. Die meisten Schwierigkeiten in dieser Beziehung sind mit Methylchlorid aufgetreten, jedoch sind auch mit den Freonen Kupferplattierungen beobachtet worden. Eine Erklärung für die Tatsache, daß sich das Kupfer hauptsächlich auf Eisenflächen abscheidet, die gegen eine andere Eisenfläche bewegt sind, kann bis heute nicht gegeben werden. Evtl. kann die Ursache in einer elektrostatischen Aufladung durch die Reibung der gegeneinander bewegten und durch Öl isolierten Teile liegen.

c) Verhalten gegen nichtmetallische Baustoffe.

Ganz besondere Aufmerksamkeit ist der Auswahl organischer Dichtungs- und Isolierstoffe zu widmen, die der Einwirkung der Öle und der Kältemittel in Kältemaschinen ausgesetzt werden. Sie können zu verschiedenartigen Störungen und zum Ausfall der Kältemaschinen führen, wenn sie physikalisch und chemisch nicht genügend öl- und kältemittelbeständig sind. Durch das Öl oder das Kältemittel oder auch ein Gemisch aus beiden können Quellungen und Extraktionen eintreten, die zum Unbrauchbarwerden der Dichtungs- und Isolierstoffe führen. Die Stoffe können aber auch schrumpfen und dadurch ihr Dichtungsvermögen verlieren. Isolierungen können spröde und brüchig werden und in diesem Zustande abbröckeln oder zerfallen. Überschläge zwischen elektrischen Leitern oder gegen Masse können die Folge sein. Die Extraktstoffe, die chemisch meist wenig stabil sind, können Reaktionen zwischen dem Öl und dem Kältemittel, ähnlich wie das Ölharz, einleiten und damit Korrosionen an den metallischen Baustoffen herbeiführen.

Dichtungsstoffe, die mit Paraffin, Wachs oder Harz getränkt sind, dürfen in Kältemaschinen nach LAWRENCE [86] nicht verwendet werden, da diese Imprägnier- und Gleitmittel durch das Öl und Kältemittel aus den Stoffen herausgelöst werden. Sie können beim Abkühlen in den Regelorganen zu Verstopfungen führen. Graphitierte Stoffe, z. B. als

Ventilpackungen, sind aus dem gleichen Grunde zu vermeiden. Graphit wird durch den Kältemittelstrom abgelöst und führt zu Verstopfungen infolge von Zusammenballung in Sieben und Regelorganen. Durch Reaktion mit dem Kältemittel, vor allem mit Schwefeldioxyd, führen die Extraktstoffe zum schnellen Unbrauchbarwerden des Öles.

Gummi, der meist größere Mengen im Kältemittel löslicher Weichmacher enthält, soll nach LAWRENCE [86] und der Sun Oil Comp. [7] sowie nach PHILIPP und TIFFANY [54] in Kältemaschinen zusammen mit Ölen möglichst nicht verwendet werden. Läßt sich seine Verwendung nicht umgehen, so darf er nur mit größter Vorsicht nach eingehender Prüfung z. B. im Druckrohr-Test und nach Extraktion nach einem der bekannten Verfahren angewendet werden. EISEMANN jr. [101] teilt mit, daß der Anilinpunkt der Öle einen Anhalt über deren Einfluß auf Gummi und gummiähnliche Kunststoffe gibt. Öle mit niedrigem Anilinpunkt führen allgemein zu einer stärkeren Quellung als Öle mit hohem Anilinpunkt.

Der Anilinpunkt ist die Temperatur, bei der sich eine Lösung gleicher Raumteile von Öl und frisch destilliertem, wasserfreiem Anilin beim Abkühlen durch Entmischung trübt. Als Kriterium dient der Zustand, in dem die Kugel des Thermometers in der Lösung unsichbar wird. Die Löslichkeit der Kohlenwasserstoffe nimmt von den Aromaten über die Naphthene bis zu den reinen Paraffinkohlenwasserstoffen ab, der Anilinpunkt steigt also an. Er liegt bei reinen Aromaten unter 0° C, während derjenige der gesättigten Naphthene zwischen 30 und 50° C liegt. Paraffinkohlenwasserstoffe haben Anilinpunkte über 70° C [24].

Für Kältemaschinen, in denen Gummi oder elastische Kunststoffe z. B. als Dichtungselemente verwendet werden, sollten deshalb nur Öle mit besonders hohen Anilinpunkten eingesetzt werden. Das bedeutet zugleich die Verwendung von Ölen mit möglichst niedrigem spezifischem Gewicht, da die Paraffinkohlenwasserstoffe zugleich die leichtesten sind. Öle mit niederem Anilinpunkt scheiden als Kältemaschinenöle aus, weil sie nicht kältemittelbeständig sind. Ein normales gutes Kältemaschinenöl hat z. B. einen Anilinpunkt von 85,5° C. Er variiert erfahrungsgemäß bei den hochwertigen Raffinaten nur sehr wenig. Seine Schwefeldioxyd- und Frigen-Beständigkeit liegt über 200 h, wenn der Ölharzgehalt den gestellten Anforderungen entspricht. Demgegenüber hat ein Öl mit einem Anilinpunkt von 60,6° C nur 1 bis 2 h Kältemittel-Beständigkeit. Schwefelhaltige Gummisorten sollen überhaupt nicht verwendet werden [7, 54], da sie durch Extraktion zu Störungen führen. Einige harte Bunasorten können evtl. unter größten Vorsichtsmaßnahmen verwendet werden [86], wenn sie der Einwirkung des flüssigen Kältemittels entzogen sind. Die Quellung von Gummi durch Öle wird in USA nach F. S. B. Nr. 360. 3 festgestellt, wobei der Gummi während 168 h bei 70 ± 1° C im Öl gelagert wird.

Nach AMMEL [64] und LAWRENCE [86] ist lediglich Neopren gegen Öl und die gebräuchlichen Kältemittel beständig. Es hat sich in Kältemaschinen vor allem mit gasförmigem und flüssigem Frigen gut bewährt. Die Durchlässigkeit für Kältemittelgas ist gering, und es wird bei Temperaturen bis 140° C nicht weich. Schwefeldioxyd führt langsam zu Härtung und geringer Schrumpfung des Neoprens. In Freon—12 quillt es nach siebenmonatiger Lagerung um etwa 6%, während Naturgummi um 85 bis 100% quillt. Die Streckgrenze sinkt nach gleich langer Lagerung im flüssigen Frigen um weniger als 10%, während sie beim Naturgummi um 50 bis 65% abfällt. Neopren nimmt praktisch kein Öl auf. Es wird in USA in Kältemaschinen für Isolationen, für Schleifringdichtungen und für flexible Kältemittelleitungen verwendet. Seit 1931 wird es von Du Pont de Nemours & Co. hergestellt.

EISEMANN jr. [101] hat neuerdings die Einwirkung von Halogenkohlenwasserstoffen auf die gummiähnlichen Kunststoffe eingehend untersucht. Aus dem sehr umfangreichen Versuchsmaterial ergibt sich, daß im wesentlichen

1. die Quellung bei stufenweiser Substitution der Chlor-Atome des Tetrachlorkohlenstoffes (CCl_4) durch Fluor-Atome mit steigendem Fluorgehalt abnimmt,

2. mit steigendem Chlorgehalt bei gleichem Fluorgehalt die Quellung zunächst zunimmt und bei drei Chloratomen und einem restlichen Wasserstoff-Atom ein Maximum der Quellung erreicht wird, wenn also Wasserstoff durch Chlor ersetzt wird,

3. bei der Substitution von Wasserstoff durch Fluor die Quellung abnimmt.

Den stärksten Einfluß auf die Quellbeständigkeit hat zweifellos das Fluor, so daß es stets leichter sein wird, einen geeigneten elastischen Baustoff für die höher fluorierten Kältemittel zu finden. Neben der Einwirkung des Kältemittels und des Öles ist die Quellbeständigkeit der Elastomeren auch von deren Zusammensetzung abhängig. Alle Mischungen mit hohem Weichmachergehalt sind weniger beständig als die härteren Mischungen.

Textilien, Fiber und Holz sind gegen gute Öle beständig. Sie dürfen jedoch, wie alle anderen organischen Baustoffe, keine durch Öl und Kältemittel extrahierbaren Stoffe enthalten. Die Alterungsprodukte der Öle greifen jedoch die Isolierstoffe nach HOLDE [24] unter starker Verminderung der mechanischen Festigkeit an. Vor allem Textilien werden dann, wenn die Neutralisationszahl des Öles steigt, durch die entstandenen organischen Säuren angegriffen. Nach VON DER HEYDEN und TYPKE [25] liegt die kritische Neutralisationszahl der Öle bei 1,4. In einem Öl, das neu die Säurezahl 0,11 und nach 300stündiger Lagerung bei 112° C die

Neutralisationszahl 2,5 hatte, nahm die Zerreißfestigkeit von Baumwolle folgendermaßen ab [*24*]:

$$\text{Nach } 100 \text{ Stunden} \ldots \ldots \quad 79\% \text{ Abnahme,}$$
$$\text{,, } 200 \quad \text{,,} \quad \ldots \ldots \quad 86\% \quad \text{,,}$$
$$\text{,, } 300 \quad \text{,,} \quad \ldots \ldots \quad \text{Zerfall.}$$

Von allen Lacken haben sich bisher nur Formex und Formvar als öl- und kältemittelbeständig erwiesen und werden seit einigen Jahren als Isolierlacke für Wickeldrähte in gekapselten Kältemaschinen mit Frigen in USA verwendet. Formvar wird bei 127° C weich. Deswegen müssen gekapselte Kältemaschinen, in denen dieser Lack verwendet wird, besonders exakt bezüglich ihrer höchsten Betriebstemperaturen kontrolliert werden. Dies geschieht im allgemeinen durch Verwendung thermisch gesteuerter Schalter an der Verdichterhaube oder am Wickelkopf, die bei Erreichen einer bestimmten höchstzulässigen Betriebstemperatur den Stromkreis unterbrechen.

H. Vorbehandlung der Kältemaschinen.

Schmutz und Verunreinigungen jeder Art verringern die chemische Beständigkeit der Öle in Kältemaschinen. Öllösliche sowie kältemittellösliche Verunreinigungen und Wasser beschleunigen mögliche chemische Reaktionen zwischen Ölen und den Kältemitteln oder leiten sie durch Eigenzerfall überhaupt erst ein. Unlöslicher Schmutz, wie Späne, Werkstattstaub und Fasern fördern die Alterung der Öle katalytisch.

Deshalb ist es erforderlich, nicht nur die Eigenschaften und Verunreinigungen des Öles und des Kältemittels genauestens zu überwachen; vielmehr müssen auch die Kältemaschinen und ihre Einzelteile sorgfältig gereinigt und getrocknet werden. Da diese Arbeitsgänge von großer Bedeutung für die Erhaltung guter Schmiereigenschaften der Öle, sowie für die gesamte Lebensdauer der Kältemaschinen sind, sollen die diesbezüglichen Literaturangaben hier aufgeführt und einer kurzen Betrachtung unterzogen werden.

PHILIPP und TIFFANY [*54*] stellten fest, daß sich gekapselte Kältemaschinen, die mit dem gegen Schmutz und Verunreinigungen jeder Art hochempfindlichen Schwefeldioxyd arbeiten, selbst nach 15jähriger Betriebszeit noch in einwandfreiem Zustand befanden und keine Anzeichen von Korrosion zeigten, wenn sauberes Kältemittel und Öl verwendet wurden und die Maschinen beim Zusammenbau sorgfältig gesäubert und ausgetrocknet wurden. Vor allem die kleinen Haushaltkältemaschinen und von ihnen wiederum die gekapselten Typen sind vor dem Füllen mit Öl und Kältemittel auf das sorgfältigste zu reinigen und zu trocknen, da bei ihnen über die gesamte Lebensdauer der Maschine keine Wartung und Pflege der inneren Maschinenteile oder eine Erneuerung der Ölfüllung möglich ist.

I. Reinigung der Kältemaschinenteile.

Über die Sorgfalt, die zur Reinigung der Maschinenteile in USA aufgewendet wird, berichtet HAUN, ein Mitarbeiter der Emerson Electric Mfg. Co, [55] ausführlich. Die Ständer- und Läuferlamellen werden nach dem Stanzen durch Tauchen, Bespritzen und im Dampf mit Trichloräthylen gründlich fettfrei gewaschen und von allen Spänen befreit. Das fertige Paket wird wiederum in der gleichen Weise in Trichloräthylen gewaschen und anschließend zum Schutz gegen Rost auf der Außenfläche leicht mit reinem Kältemaschinenöl eingerieben. Um das Anhaften von Schmutz beim Durchlauf durch die Fertigung zu vermeiden, wird das Ständerpaket mit Papierband umwickelt.

Die Isolierteile aus Papier und Fiber werden als Fertigteile, ebenso wie die Textilien zum Umspinnen der Drähte und zum Bandagieren der Wickelköpfe extrahiert, um lösliche Stoffe zu entfernen. Das Lösungsmittel wird von HAUN allerdings nicht angegeben. Nach dem Einbringen der Wicklungen in die Nuten wird der fertige Ständer zur Entfernung von Fasern der Textilien an einer Gasflamme abgesengt und zur Reinigung von löslichem und mechanischem Schmutz und Öl nach Entfernen der Papierumwicklungen bei 115° C in Benzin gewaschen. Anschließend wird der Ständer im Trockenschrank zur Entfernung des Benzins getrocknet, im warmen Zustand elektrisch geprüft und zum Schutz vor Luftfeuchtigkeit und Schmutz in wärmebeständige, dichte Zellophanbeutel verpackt. In diesem Zustand werden die fertigen Ständer gelagert oder verschickt.

Die Verdichterteile werden vor dem Zusammenbau, der meist im warmen Zustand vorgenommen wird, zur Entfernung von mechanischem Schmutz und von Fetten ebenfalls in Trichloräthylen oder Benzin gründlich gespült und im Ofen getrocknet.

II. Trocknen der Kältemaschinen.

Zur Trocknung der Kältemaschinen sind ein erheblicher Arbeitsaufwand und meist auch recht umfangreiche Einrichtungen erforderlich. Verhältnismäßig leicht gelingt die Trocknung der offenen Kältemaschinen, in denen nur Oberflächenwasser vorhanden ist, das sich durch Erwärmen unter Vakuum in wenigen Stunden entfernen läßt. Dagegen ist das Wasser in den organischen Isolierstoffen der Ständer von gekapselten Kältemaschinen verhältnismäßig fest durch Kapillarkräfte gebunden und dementsprechend auch viel schwerer zu entfernen. Es ist aber ebenso wie das Wasser im Öl und im Kältemittel und auf den Oberflächen der Baustoffe als freies Wasser, das ohne vorherige chemische Reaktion an Umsetzungen teilnehmen kann, zu betrachten. Nur das in den Isolierstoffen als Zellwasser gebundene Wasser darf als unschädlich betrachtet werden, kann jedoch durch Überhitzung im Betrieb frei gemacht werden und zu Zerstörungen des Öles und der Baustoffe durch Korrosion führen. Der eigentliche Ablauf des Korrosionsvorganges ist z. B. von PACKER, JOHNS und CODLING [87] sowie auch von GODDARD [88] ausführlich behandelt worden. In diesem Rahmen kann auf die Einzelheiten nicht eingegangen werden. Über die Höhe des zulässigen Wassergehaltes in Kältemaschinen macht HAUN [55] nähere Angaben. Nach seinen Angaben soll der Gesamtwassergehalt in Kältemaschinen insgesamt nicht höher liegen, als einem Wassergehalt von 20 bis 25 mg/kg Flüssigkeit entspricht, bezogen auf die gesamte Füllung von Öl und Kältemittel. Mit Rücksicht auf die möglichen Korrosionen sollte das Wasser aus den gekapselten Kältemaschinen stets soweit entfernt werden, als sich wirtschaftlich mit den zur Verfügung stehenden Einrichtungen überhaupt vertreten läßt.

Öl soll in den Kältemaschinen während des Trockenprozesses nicht vorhanden sein, da die großen Ölmoleküle das Wasser einschließen und festhalten [87]. Zugleich erniedrigt sich der Dampfdruck des gelösten Wassers. Aus dem gleichen Grunde wird von der Imprägnierung der Wicklungen abgeraten, da durch sie das Wasser in der Zellulose zunächst eingeschlossen wird und später im Betrieb frei werden kann [55]. Es wird die Verwendung entweder von Textilisolationen für die Wickeldrähte oder aber von Lacken empfohlen, von Kombinationen beider jedoch abgeraten.

Am gebräuchlichsten ist es, die Kältemaschinen zum Trocknen bei erhöhter Temperatur zu evakuieren. Von GODDARD, Mitarbeiter der Carrier Corp. [88], McGOVERN [89] und BLAIR und CALHOUN [90] werden die Evakuierverfahren näher beschrieben. Beim Evakuieren der Kältemaschine muß selbstverständlich der Druck tief genug sein, um bei der Maschinentemperatur, die meist auf etwa 100° C erhöht wird, den Siedepunkt des Wassers zu überschreiten. Die Saugleistung der Vakuumanlage muß groß sein, um den Wasserdampf schnell genug zu entfernen. Ohne grobe Vortrocknung, die meist im Trockenschrank unter Atmosphärendruck geschieht, sind die Evakuierzeiten wegen der großen zu bewältigenden Volumina an Wasserdampf unwirtschaftlich lang [18]. Bei 15° C muß ein Vakuum von 13 mm QS angewendet werden, um den Siedepunkt des Wassers zu erreichen. 1 g Wasser nimmt unter diesen Bedingungen ein Volumen von 78 l Wasserdampf ein. Im Gasraum der Maschine ist bei diesem Druck und 15° C immer noch 0,013 g Wasser/ Liter enthalten [95]. Durch erhöhte Temperaturen kann die Wasserabgabe erheblich beschleunigt werden. Bei hohem Vakuum steigen auch die Volumina an Wasserdampf ganz erheblich. Bei 120° C und $5 \cdot 10^{-2}$ mm QS ergibt 1 g Wasser 27 m³ Wasserdampf.

Um das Restwasser aus den Kältemaschinen schneller zu entfernen, empfiehlt HOCKLEY [76] ein kombiniertes Verfahren. Das Evakuieren wird mehrmals unterbrochen und die Maschine mit scharf getrockneter Luft gefüllt. Das Gas wird abgesaugt und nimmt sehr viel Wasserdampf mit sich. Auf diese Weise sollen die Evakuierzeiten erheblich verkürzt werden.

Temperaturen über 100 bis 110° C dürfen am Hochvakuum zum Austrocknen der gekapselten Kältemaschinen nicht angewendet werden, da oberhalb dieser Temperatur der thermische Zerfall der Zellulose einsetzt und es zur vollständigen Zerstörung kommt [87]. Die Zersetzungsprodukte sind unter anderem bis zu 35% Wasser und etwa 15% Gase, die sich beim Evakuieren durch erhebliche Verlängerung der Evakuierzeiten bemerkbar machen. Durch Evakuieren ist es mit wirtschaftlich tragbaren Mitteln kaum möglich, das freie Wasser aus den organischen Isolierstoffen restlos zu entfernen [88, 91].

Um die Trockenverfahren zu beschleunigen, ist man in USA und auch in England dazu übergegangen, statt zu evakuieren mit heißen, scharf getrockneten Gasen zu spülen, die das Wasser begierig aufnehmen und wegführen. Die dazu benötigten Gasmengen sind gering. Der Einfachheit und Billigkeit wegen wird fast ausnahmslos Luft als Spülgas verwendet. Nach Angaben von ANDERSON [91] wendet die Westinghouse Corp. bei diesem Trockenverfahren Temperaturen von 135° C an. In einer neueren Arbeit von ROBERTS [92] wird das Trockenverfahren der Westinghouse Corp. ausführlich beschrieben.

Zur Trocknung der gekapselten Kältemaschinen werden sorgfältig geregelte, vollautomatische Öfen verwendet, die elektrisch geheizt sind. Als Spülgas dient Preßluft, die durch Trockenfilter auf einen sehr niedrigen Taupunkt gebracht wird. Er liegt nach ANDERSON [91] unter −50° C. Die Preßluft durchströmt die Maschinen während der Heizperiode in einem genau regulierten Fluß, wobei jeweils neun Maschinen in Serie zusammengeschaltet sind. Der frei werdende Wasserdampf wird durch die trockene, heiße Luft, die bei der hohen Temperatur viel Wasser aufnehmen kann, abtransportiert. Die Heizung der Maschine wird nur von außen durch die Ofenheizung herbeigeführt, nicht aber durch zusätzliche Heizung der Wicklungen, um örtliche Temperaturunterschiede zu vermeiden. Das Spülen dauert bei vollautomatischem Betrieb 24 Stunden. Die Teile, vor allem Ständer und Läufer, werden auf die gleiche Weise vorgetrocknet. Der Ständer wird erst in Alkohol gespült und dann in den Ofen gebracht. Nach dem Abkühlen von 135° auf 100° C werden die Ständer aus dem Ofen entnommen und sofort eingebaut. Die Läufer werden 1 Stunde bei sehr hoher Temperatur und anschließend 4 Stunden bei niedriger Temperatur durch Spülen mit trockener Luft getrocknet und ebenfalls nach leichtem Abkühlen sofort eingebaut.

Die beschleunigenden Faktoren für diesen Trockenprozeß sind die Temperatur und die Zeit. Um die Zeit in wirtschaftlich tragbaren Grenzen zu halten, wählt man die Temperatur so hoch als irgend möglich. Kurzzeitiges Erwärmen der Isolationen auf 140 bis 145° C unter Atmosphärendruck schädigt die Isolierstoffe in ihrer Festigkeit nicht.

Nach dem Trocknen durch Spülen mit Luft wird diese durch kurzes Evakuieren aus den Kältemaschinen entfernt.

Nach Ansicht verschiedener amerikanischer Autoren [55, 76, 88, 89] reichen die üblichen Trockenverfahren für Frigen-Haushaltkältemaschinen mit ihren empfindlichen Regelorganen nicht aus, um den Wassergehalt genügend zu senken. Wegen der Gefahr der Verstopfung durch Eis und der Kupferplattierung wird die Verwendung von Trockenpatronen vielfach empfohlen. Die Trockenpatronen werden zumeist in die Druckleitung hinter dem Verflüssiger eingebaut. Neuerdings geht man auch dazu über, die Trockner hinter dem Regelorgan, also in die kalte Flüssigkeitsleitung einzubauen, und nutzt die größere Adsorptionsfähigkeit der kapillaraktiven Trockner bei tiefen Temperaturen aus. Sie werden im allgemeinen nach zwei bis drei Tagen Einlaufzeit der Maschinen wieder entfernt, verbleiben aber in einigen Maschinen auch für immer. Als Trockenmittel dienen in der Hauptsache physikalisch wirkende Trockner, da die chemisch wirkenden nach der Wasseraufnahme zerfließen. Für Dauerbetrieb werden hauptsächlich die kapillaraktiven Stoffe Silicagel und aktive Tonerde verwendet.

Zusätze zum Lösen bzw. Abbinden des Wassers im Kältemittelkreislauf sind nur mit äußerster Vorsicht und nach eingehender Prüfung im Philipp-Test zu verwenden. Als derartige „Antifreezers" kommen vor allem Alkohole, Äther und Glykole in Frage. Sie lösen das Wasser und bewirken eine Gefrierpunkterniedrigung, wobei aber zu berücksichtigen ist, daß die meisten dieser Stoffe verhältnismäßig reaktionsfähig sind. Eine andere Gruppe bindet das Wasser chemisch ab. Ein charakteristischer Vertreter dieser Gruppe enthält 87% Methylalkohol, 12% Natriumalkoholat und einen kleinen Zusatz von Butylester. Im Philipp-Test mit Frigen—12 führt es zur Bildung von Natriumchlorid. Alkoholat reagiert mit Wasser unter Bildung des betreffenden Alkoholes und Natriumhydroxyd. Natriumhydroxyd bildet dann zusammen mit dem Chlor aus dem Frigen selbst beim Arbeiten mit sehr guten Ölen mit nur 0,6 bis 0,8% Ölharz bald Natriumchlorid. Hydroxyde scheinen katalytisch besonders stark auf das Frigen—12 einzuwirken. Alle derartigen Zusätze sind in Kältemaschinen abzulehnen. Es ist zweckmäßiger, der Trocknung des Kältemittelkreislaufes erhöhte Aufmerksamkeit zu widmen.

Da die Wasserfrage in Kältemaschinen sowie für das Öl als auch für die Baustoffe von großer Bedeutung ist, sei hier nochmals darauf hingewiesen, daß aus den Isolierstoffen bei Überhitzung der Maschine erhebliche Mengen Wasser frei werden können. Nach HAUN [55] soll deshalb die höchste Betriebstemperatur 93° C (200° F) nicht überschreiten. Von PACKER, JOHNS und CODLING [87] wird besonders darauf hingewiesen, daß der Zerfall der organischen Isolierstoffe unter Wasserabspaltung in den Kältemaschinen bei Temperaturen oberhalb 100° C schneller verläuft als unter Vakuum, vermutlich infolge der Einwirkung des Kältemittels und des Öles, die das frei werdende Wasser begierig aufnehmen.

In Druckraumverdichtern, in denen die Wicklung und das Öl der Einwirkung des überhitzten, komprimierten Kältemitteldampfes ausgesetzt sind, treten naturgemäß viel stärkere Erwärmungen auf als in Saugraumverdichtern. In diesen werden das Öl und die elektrischen Wicklungen des Ständers durch die kalten Dämpfe, die aus dem Verdampfer kommen, gekühlt.

J. Auswahl der Kältemaschinenöle.

Die Auswahl eines geeigneten Kältemaschinenöles muß mit Rücksicht auf die Störungen, die durch die Verwendung ungeeigneter Öle eintreten können, sorgfältig vorgenommen werden. Die Anforderungen sind je nach der Konstruktion der Kältemaschine und dem verwendeten Kältemittel verschieden.

Auf Grund der in den vorstehenden Ausführungen zusammengefaßten Erkenntnisse lassen sich für die Anforderungen an Kältemaschinenöle bestimmte Richtwerte festlegen. Diese Richtwerte für die Anforderungen können nur bei gleichzeitiger Festlegung der Prüf- und Bestimmungsmethoden eindeutig definiert werden, da alle Untersuchungsverfahren für Öle nur Konventionalmethoden sind, deren Ergebnisse untereinander nicht ohne weiteres vergleichbar sind. Neben einer Reihe von Arbeitsverfahren, die für Mineralöle allgemein gebräulich sind, wurden im Laufe der letzten Jahre eine Anzahl spezieller Untersuchungsverfahren für Kältemaschinenöle entwickelt, welche die besonderen Betriebsbedingungen in den Kältemaschinen berücksichtigen.

In Tabelle 7 wird abschließend eine Zusammenstellung der heute als notwendig erachteten Anforderungen und der gebräuchlichen Prüfmethoden zur schnellen Orientierung für Konstruktion und Laboratorium gegeben.

Tabelle 7.

Anforderungen an Kältemaschinenöle.   Prüfmethoden für Kältemaschinenöle.

Prüfung auf	Grenzwerte zur Verwendung mit			Prüfung nach	siehe Abschnitt
	CO_2, NH_3	SO_2	öllöslichen Kältemitteln		
Aussehen	klar			Augenschein	C II
Farbe	heller als 3			Farbskala [11]	C II
Spez. Gewicht	unter 0,95 kg/l			DIN 53653	C III
Flammpunkt	über 160° C	über 150° C		DIN 53661	C IV
Wassergehalt a) Anliefzust.	kein freies Wasser				D I
b) Einfüllzust.	unter 100 mg/kg	unter 30 mg/kg		P_2O_5-Methode [82]	D I a 2
Durchschlagsfestigkeit im Einfüllzustand	über 180 kV/cm			VDE 0370/36	D I a 1
Ölharz	—	unter 1,0%		Erweit. Noack-Verf. [12]	D II
Flock-Temperatur	—	—	unter der tiefsten Verdampfungstemperatur	Flock-Test [44,45,47]	D V b
Frigen-Unlösliches (Paraffin)	—	unter 0,5%	unter 0,05%	Frigen-Methode [47]	D V c
Neutralis.-Zahl	unter 0,08			DIN 53658	D VII
Verseif.-Zahl	unter 0,20			DIN 53659	D VIII
Glührückstand	unter 0,01%			DIN 53657	D IX
Zähigkeit 20° C	über 5° E	über 5° E	über 20° E	DIN 53655	
50° C	über 1,95°E	über 1,95°E	über 4,5°E		E I
Stockpunkt	unter —25°C	unter —25°C	unter —30°C	DIN 53662	E II
Kältemittelbeständigkeit	—	über 48 Stunden	über 48 Stunden	Philipp-Test [12, 54]	F III
Zusätze	zulässig	unzulässig		—	

Anmerkung: Die frühere Bezeichnung der Normblätter DIN DVM ist jetzt in DIN 50000ff. unter Beibehaltung der ursprünglichen Normblattnummer hinter der vorgesetzten 5 geändert.

Die in Tabelle 7 zusammengestellten Anforderungen und Prüfmethoden haben als Richtlinien bei der Aufstellung des DIN-Entwurfes 6553, Kältemaschinenöle, vom Juni 1950 gedient [102].

In USA sind die Anforderungen an Kältemaschinenöle in der Federal Specification VV—0—581 vom 6. November 1934 zusammengefaßt. Als Kältemaschinenöle sollen nur reine Raffinate ohne Zusatz von fetten

Ölen, Fettsäuren, Harzen, Seifen oder Nichtkohlenwasserstoffen verwendet werden. Die Richtwerte für die Anforderungen sind in Tabelle 8 zusammengestellt.

Tabelle 8.

USA-Anforderungen an Kältemaschinenöle nach Federal Specification VV—0—581.

Prüfung	Grad				
	8	10	20	30	40
Viskosität					
Saybolt sec bei 130° F	70—90	90—120	120—145	185—205	245—280
° E bei 54,4° C	2,1—2,7	2,7—3,5	3,5—4,2	5,4—6	7,1—8
Flammpunkt					
° F über	315	325	340	350	370
° C über	157	162	171	177	178
Fließpunkt					
° F unter	— 10	0	0	0	10
° C unter	— 23,3	— 17,8	— 17,8	— 17,8	— 12,2
Kohlerückstand % unter	0,1	0,2	0,3	0,4	0,5
Neutralisationszahl unter	0,1	0,1	0,1	0,1	0,1
Korrosion	keine	keine	keine	keine	keine

Die zur Ermittlung dieser Eigenschaften erforderlichen Prüfverfahren sind in VV— 0— 581 ebenfalls festgelegt. Es gelten für die Bestimmung:

Prüfung[1]	FSB	ASTM	Methode
Viskosität	30. 4. 5	D 88—44	Saybolt-Viskosimeter Auslaufzeit in sec
Flammpunkt	110. 3. 4	D 92—46	Im offenen Cleveland-Tiegel
Fließpunkt	20. 1. 7	D 97—47	Stockpunktgerät
Kohlerückstand	500. 1. 5	D 189—46	Conradson
Neutralisationszahl	510. 3. 2	D 188—27 T	Mit Kalilauge (KOH)
Korrosion	530. 3. 2	—	Polierte Kupferstreifen 3 h im Öl auf 100° C erwärmt

---

[1] Weitere in USA genormte und für Kältemaschinenöle geeignete Verfahren sind in den einzelnen Abschnitten behandelt.

Literaturverzeichnis.

1. PUTSCHKOW, P. W.: Petroleum, Bd. 32 (1936), Nr. 15, S. 1.
2. MUSGRAVE, F.: Refrig. and Air Cond., Bd. 5 (1939), Nr. 9, S. 19.
3. ROSS, E. S.: Refrig. Engng., Bd. 44 (1942), S. 27.
4. PHILIPP, CURT: Zerlegen von Mineralölen mit Lösungsmitteln. Allg. Ind.-Verlag Knorre & Co., 1944, S. 56—64.
5. BANDTE, G.: Öl und Kohle, Bd. 11 (1935), S. 251.
6. SUIDA, H.: Öl und Kohle, Bd. 12 (1937), S. 201 u. 225.
7. Sun Oil Company: Sun technical bulletin B—3.
8. EVERS, F.: Z. ges. Kälteind., Bd. 50 (1943), S. 25.
9. ROSS, E. S.: Mineral Lubricating Oils; ASRE-Bericht v. 11. Juni 1947; Sun Oil Comp.
10. WALTHER, C.: Erdöl und Teer, Bd. 5 (1929), S. 223, und ETZ, Bd. 50 (1929), S. 712.
11. Ölbewirtschaftung, 2. Aufl., Berlin: Springer, 1937.
12. STEINLE, H.: Kältetechnik, Jg. 1 (1949), S. 14.
13. STEINBACH, A.: Z. ges. Kälteind., Bd. 48 (1941), S. 53.
14. Texas Company, Lubrication, Bd. 22 (1936), S. 71 u. 112.
15. GYEMANT, A.: Petroleum, Bd. 22 (1926), S. 689 u. 820.
16. CLARK, F. M.: Electr. Engg. Trans., Bd. 59 (1940), S. 433.
17. Refrigerating Data Book, Ausg. 1937/38, S. 80—81.
18. BLAIR, H. A., u. R. E. HOLMES: Refrig. Engng., Bd. 57 (1949), S. 129.
19. IG. Farbenindustrie AG., Frigen, das neue Kältemittel, Frankfurt a. M. 1939.
20. BREDNER, R.: ETZ, Bd. 55 (1934), S. 556.
21. ÖLSCHLAGER, E.: Siemens-Z., Bd. 5 (1925), S. 29.
22. STERN, G.: ETZ, Bd. 48 (1927), S. 1613.
23. HÄHNEL, A.: Arch. Elektrotechn., Bd. 36 (1942), S. 716.
24. HOLDE, D.: Kohlenwasserstofföle und -fette, 7. Aufl., Berlin: Springer, 1933.
25. VON DER HEYDEN u. TYPKE: ETZ, Bd. 35 (1924), S. 1059.
26. KOHLRAUSCH, F.: Praktische Physik, Teubner, Leipzig u. Berlin 1935.
27. ESTORF u. NAGEL: DRP. 442946 (Siemens).
28. FISCHER, K.: Angew. Chemie, Bd. 48 (1935), S. 394.
29. EVANS, N. R., J. E. DAVENPORT u. A. J. REVUKAS: Ind. Engng. Chem., Anal. Ed., Bd. 13 (1941), Nr. 9, S. 589.
30. BOLLER: Petroleum, Bd. 23 (1927), S. 146.
31. General Electric Comp.: Publication GEH 1031 (1937), S. 27 u. 436.
32. KIEMSTEDT, H.: Öl und Kohle, Bd. 39 (1943), S. 617.
33. IG. Farbenindustrie AG.: Kieselgel, Trockenmittel für Gase und Flüssigkeiten, Frankfurt a. M. 1939.
34. NOACK: Öl und Kohle, Bd. 13 (1937), S. 965.
35. MÜLLER: Öl und Kohle, Bd. 14 (1938), S. 373.
36. SKALA, F.: Öl und Kohle, Bd. 38 (1942), S. 223.

37. ALBER, ANDERSON usw.: Isolieröle, herausgegeben von der Rhenania—Ossag, Berlin: Springer, 1938.
38. IVANOVSZKY, L.: Petroleum, Bd. 32 (1936), Nr. 13, S. 9.
39. HEINZE, R., u. E. H. GOEBEL: Öl und Kohle, Bd. 38 (1942), S. 470.
40. MOOS, J., u. F. HAAS: Erdöl und Kohle, Bd. 1 (1948), S. 29.
41. VANDERVEER VOORHEES: Refrig. Engng., Bd. 56 (1948), S. 233.
42. SULLIVAN, F. W., W. J. McGILL u. A. FRENCH: Ind. Engng. Chem., Bd. 19 (1927), S. 1042.
43. Ansul News Notes, Bd. 2, Nr. 1, S. 1.
44. RINELLI, W. R.: Refrig. Engng., Bd. 41 (1941), S. 395.
45. WALKER, W. O., u. W. R. RINELLI: Refrig. Engng., Bd. 50 (1945), S. 131.
46. BAADER, A.: Öl und Kohle, Bd. 38 (1942), S. 432.
47. STEINLE, H.: Kältetechnik, Jg. 1 (1949), S. 87.
48. ROSS, E. S.: Refrig. Engng., Bd. 50 (1945), S. 129.
49. BREWER, A. F.: Refrig. Abstracts, Bd. 1 (1946), S. 187.
50. BRAY, H. B., u. W. H. BAHLKE: The Science of Petroleum, 3. Bd., Oxford Univ. Press London—New York—Toronto.
51. McGOVERN: Arctic Service News, Bd. 1, Nr. 5, Dez. 1935, u. Refrig. Engng., Bd. 31 (1936), S. 20 u. 56.
52. STEINLE, H.: Erdöl und Kohle, Jg. 2 (1949), S. 400.
53. GROTE, W., u. H. KREKELER: Angew. Chemie, Bd. 46 (1933), S. 106.
54. PHILIPP, L. A., u. B. E. TIFFANY: Refrig. Engng., Bd. 27 (1934), S. 248.
55. HAUN jr., B. O.: Refrig. Engng., Bd. 54 (1947), S. 135.
56. FRIEDEMANN: Erdöl und Teer, Bd. 6 (1930), S. 285, 301, 342 u. 395.
57. UBBELOHDE, L.: Zur Viskosimetrie, Hirzel, Leipzig 1940.
58. Texas Company: Lubrication, Bd. 13 (1927), S. 13.
59. PERLICK, A.: Z. ges. Kälteind., Bd. 43 (1936), S. 32.
60. WEBLING, J. K. L.: Refrig. Engng., Bd. 28 (1934), S. 185 u. 212.
61. Texas Company: Lubrication, Bd. 21 (1935), S. 85 u. 109.
62. THOMPSON, B. J.: Refrig. Engng., Bd. 49 (1945), S. 473.
63. Kinetic Chemicals Inc.: Technical Paper Nr. 7, 1931.
64. AMMEL, T. J.: Refrig. Engng., Bd. 50 (1945), S. 421.
65. EVERS, F.: Wiss. Veröffentl. Siemens-Konzern, Bd. 4 (1925), S. 324.
66. Refrig. Engng., Bd. 30 (1935), S. 201.
67. STÄGER, H.: Z. VDI, Bd. 81 (1937), S. 723.
68. ROGERS, T. H., u. C. E. MILLER: Ind. Engng. Chem., Bd. 19 (1927), S. 308.
69. STÄGER, H.: Z. Angew. Chem., Bd. 38 (1925), S. 476.
70. SKALA, F.: Petroleum, Bd. 32 (1936), Nr. 50, S. 1.
71. SCHLÄPFER: Diss. Technische Hochschule Zürich 1935.
72. BRAUEN: Erdöl und Teer, Bd. 3 (1927), S. 108.
73. HASLAM, R. T., u. P. K. FRÖHLICH: Ind. Engng. Chem., Bd. 19 (1927), S. 292.
74. EUSTIS, A. H.: Refrig. Engng., Bd. 36 (1938), S. 179.
75. Esso: Oilways, Bd. 14 (1947), Nr. 5, S. 11.
76. HOCKLEY, R. L.: Refrig. Engng., Bd. 41 (1941), S. 179.
77. ALTHOUSE u. TURNQUIST: Modern Gas and Electric Refrigeration, 5. Auflage, Chicago 1944.
78. THOMPSON, R. J.: Electric Refrigeration News v. 23. Okt. 1935.
79. UMSTÄTTER, H.: Die Technik, Bd. 2 (1947), S. 171.

80. PLANK, R., u. J. KUPRIANOFF: Die Kleinkältemaschine, Berlin: Springer, 1948.

81. PHILIPP, L. A., u. B. E. TIFFANY: Refrig. Engng., Bd. 25 (1933), S. 140.

82. SHAW, A. H., u. A. B. BRANDON: Mod. Refrig., Bd. 51 (1948), Nr. 598, S. 13, u. Nr. 599, S. 37; The Institute of Refrigeration, Session 1947/48.

83. —: SAE-J., Juni 1948, S. 79.

84. Standard Oil Dev. Co.: F. P. Nr. 861065.

85. LEEGARD, C. W.: Refrig. Engng., Bd. 56 (1948), S. 219.

86. LAWRENCE, H. L.: Refrig. Engng., Bd. 41 (1941), S. 404.

87. PACKER, L. C., F. J. JOHNS u. E. P. CODLING: Refrig. Engng., Bd. 49 (1945), S. 452.

88. GODDARD, M. B.: Refrig. Engng., Bd. 50 (1945), S. 215.

89. McGOVERN, E. W.: Refrig. Engng., Bd. 43 (1942), S. 276.

90. BLAIR, H. A., u. I. N. CALHOUN: Refrig. Engng., Bd. 52 (1946), S. 125.

91. ANDERSON, W. B.: Refrig. Engng., Bd. 41 (1941), S. 323.

92. ROBERTS, C. C.: Refrig. Engng., Bd. 56 (1948), S. 231.

93. —: Öl und Kohle, Bd. 15 (1939), S. N. 55/56.

94. PALASCIANO, L.: Z. Anal. Chem., Bd. 111 (1937/38), S. 263.

95. D'ANS, J., u. E. LAX: Taschenbuch für Chemiker und Physiker, 2. Aufl., Berlin: Springer, 1949.

96. MARTINET, P.: Rev. Gén. du Froid, Bd. 25 (1948), Nr. 2, S. 21.

97. STEINBACH, A.: Die chemische Fabrik, Jg. 10 (1937), S. 373.

98. —: Air Cond. and Refrig. News, Bd 58 (1949), Nr. 9, S. 20.

99. KRÖGER, C.: Angew. Chemie Jg. 61 (1949), S. 321; ausführlich in Brennstoff-chemie, Bd. 30 (1949), S. 226.

100. KRÖGER, C., u. A. HEDICKE: Chemie-Ingenieur-Technik, Jg. 21 (1949), S. 346.

101. EISEMANN jr., B. J.: Refrig. Engng., Bd. 57 (1949), S. 1171.

102. STEINLE, H.: Kältetechnik, Jg. 2 (1950), S. 142.

103. VOGEL, H.: Erdöl und Teer, 3. Jg. (1927), S. 534.

104. KRÖGER, C., u. A. HEDICKE: Brennstoffchemie, Bd. 30 (1949), S. 347.

105. STEINLE, H.: Kältetechnik, Jg. 2 (1950), S. 174.

106. FRIEDMANN, J. R.: Cholodilnaja Technika, Bd. 20 (1948), H. 2, S. 12; Ref. Kältetechnik, Jg. 1. (1949), S. 148.

107. HENNENHÖFER, J., u. W. FRITZ: Angew. Chemie B, Bd. 20 (1948), S. 201.

108. OESTEN, H. J.: Kältetechnik, Jg. 1. (1949), S. 154.

Sachverzeichnis.